现代物业管理专业职业教育立体化新形态系列教材

房屋维修管理与预算

主　编　张丹媚　陈　耕
副主编　傅　佳　周福亮　赖世瑜
参　编　江　欣　李　梅　周国军　叶昌建
　　　　焦艳荣　熊　贝　屈甜利　左彩霞
　　　　伍　丹　张　章　陈　爽　张　亮

机械工业出版社

本书为现代物业管理专业职业教育立体化新形态系列教材之一，是按照高等职业教育院校人才培养目标以及专业教学改革的需要，依据现行的标准规范，采用"知识+实训"的体系进行编写。本书共九个项目：项目一为房屋维修认知，项目二为房屋主体结构的加固与维修，项目三为防水工程的维修，项目四为房屋外墙装饰工程及门窗工程的维修，项目五为房屋其他项目的维修，项目六为房屋设备的维修，项目七为房屋维修工程定额认知，项目八为房屋维修工程造价的确定，项目九为房屋维修工程施工及相关工作。

本书可作为高等职业院校现代物业管理专业等相关专业教材，也可作为房地产和物业管理行业在职人员的培训与自学用书。

图书在版编目（CIP）数据

房屋维修管理与预算／张丹媚，陈耕主编． -- 北京：机械工业出版社，2024.10． -- （现代物业管理专业职业教育立体化新形态系列教材）． -- ISBN 978-7-111-77074-9

Ⅰ．TU746.3

中国国家版本馆 CIP 数据核字第 2024M1S169 号

机械工业出版社（北京市百万庄大街22号　邮政编码100037）
策划编辑：刘志刚　　　　　责任编辑：刘志刚　张大勇
责任校对：梁　园　李　杉　封面设计：鞠　杨
责任印制：单爱军
中煤（北京）印务有限公司印刷
2025 年 5 月第 1 版第 1 次印刷
184mm×260mm・11 印张・267 千字
标准书号：ISBN 978-7-111-77074-9
定价：59.00 元

电话服务　　　　　　　　　网络服务
客服电话：010-88361066　　机　工　官　网：www.cmpbook.com
　　　　　010-88379833　　机　工　官　博：weibo.com/cmp1952
　　　　　010-68326294　　金　书　网：www.golden-book.com
封底无防伪标均为盗版　　　机工教育服务网：www.cmpedu.com

前 言

房屋作为城市的重要组成部分，是城市生存和发展的关键设施，也是居民进行生活和社会活动的重要场所，是一种不动产财富。随着房地产事业快速发展，人民生活水平不断提高，目前有很多房屋进入维修阶段，为城市房屋维修事业开辟了广阔的市场。对房屋进行合理维修，不仅可以使房屋发挥出正常的功能和作用，延长房屋的使用寿命，而且能满足居民的居住要求，增强居民的人身安全。

房屋维修管理与预算是现代物业管理专业的必修专业核心课程之一，是培养现代物业管理人员必不可少的重要课程。本书结构合理，引用资料丰富，突出知识技能和实际应用。书中内容和体例安排主要为了更好地培养、提高学生对于房屋维修技术与预算知识的理解和掌握，通过相关实训任务扎实有效地运用到未来工作中。

本书由重庆建筑科技职业学院（原名重庆房地产职业学院）组织编写，张丹媚、陈耕任主编，傅佳、周福亮、赖世瑜任副主编。本书的具体编写分工如下：项目一，张丹媚；项目二，陈耕、李梅；项目三，陈耕、陈爽；项目四，傅佳、江欣；项目五，傅佳、赖世瑜；项目六，张丹媚、张章；项目七，张丹媚、周福亮；项目八，张丹媚、叶昌建；项目九，张丹媚、焦艳荣。在本书编写过程中，感谢中国建设教育协会房地产专委会、上海永升物业管理有限公司重庆分公司、金融街物业股份有限公司、重庆新鸥鹏物业管理（集团）有限公司、重庆新东原物业管理有限公司的专家和学者提供资料并协助整理，使得书稿得以顺利完成。

在本书编写过程中，编者参考、吸收了国内外众多学者的研究成果，在此谨向有关专家学者表示诚挚的谢意。由于编者水平有限，书中表述难免存在不足之处，敬请读者批评指正并能及时反馈，以便逐步完善。

编 者

目 录

前言

项目一　房屋维修认知 …………… 1
　学习任务一　房屋维修技术与维护管理
　　　　　　　认知 ………………… 1
　学习任务二　房屋完损等级评定 …… 7
　学习任务三　危险房屋的查勘及鉴定 … 9
　实训任务　房屋查勘与初步鉴定 …… 15
　项目小结 ……………………………… 16
　综合训练题 …………………………… 17

项目二　房屋主体结构的加固与维修 … 22
　学习任务一　房屋基础的加固与维修 … 22
　学习任务二　钢筋混凝土结构构件的鉴定
　　　　　　　与加固 ………………… 26
　学习任务三　砖砌体工程的维修与加固 … 29
　实训任务　房屋主体结构现状调查 … 32
　项目小结 ……………………………… 33
　综合训练题 …………………………… 33

项目三　防水工程的维修 …………… 37
　学习任务一　柔性防水屋面的维修 … 37
　学习任务二　刚性防水屋面的维修 … 42
　学习任务三　厨房和卫生间的维修 … 45
　实训任务　防水工程的维修 ………… 48
　项目小结 ……………………………… 49
　综合训练题 …………………………… 49

项目四　房屋外墙装饰工程及门窗工程的
　　　　维修 …………………………… 54
　学习任务一　外墙面抹灰面层的维修 … 54
　学习任务二　外墙镶贴块料面层的维修
　　　　　　　内容 ……………………… 57

　学习任务三　门窗工程的维修 ……… 60
　实训任务　外墙面抹灰面层的维修 … 62
　项目小结 ……………………………… 63
　综合训练题 …………………………… 63

项目五　房屋其他项目的维修 ……… 67
　学习任务一　室内楼梯间及外墙勒脚的
　　　　　　　维修 ……………………… 67
　学习任务二　散水及明沟维修 ……… 71
　学习任务三　室外台阶及坡道维修 … 73
　实训任务　房屋其他项目的维修调查
　　　　　　实训 ………………………… 77
　项目小结 ……………………………… 77
　综合训练题 …………………………… 78

项目六　房屋设备的维修 …………… 82
　学习任务一　房屋设备认知 ………… 82
　学习任务二　给水排水设备的检查与
　　　　　　　维修 ……………………… 86
　学习任务三　采暖及电气设备维修 … 91
　实训任务　调查所在地"水暖电"等
　　　　　　房屋设备的维修技术及其
　　　　　　运用状况 …………………… 96
　项目小结 ……………………………… 97
　综合训练题 …………………………… 98

项目七　房屋维修工程定额认知 …… 102
　学习任务一　房屋维修工程定额认知 … 102
　学习任务二　房屋维修预算定额认知 … 104
　学习任务三　房屋维修工程预算定额基价
　　　　　　　确定 …………………… 108

实训任务　房屋维修定额实际单价及劳动
　　　　　定额的编制计算 ………… 115
项目小结 ……………………………… 115
综合训练题 …………………………… 116

项目八　房屋维修工程造价的确定 …… 121
学习任务一　房屋维修工程费用构成
　　　　　　及工程造价计算 ………… 121
学习任务二　房屋维修施工图预算的
　　　　　　编制 ……………………… 130
学习任务三　房屋设备维修工程预算
　　　　　　的编制 …………………… 135
实训任务　房屋维修工程造价的计算 … 141
项目小结 ……………………………… 141

综合训练题 …………………………… 142

项目九　房屋维修工程施工及相关
　　　工作 ……………………………… 147
学习任务一　房屋维修工程施工定额
　　　　　　与施工预算 ……………… 147
学习任务二　房屋修缮工程预算审查
　　　　　　与竣工结算及决算 ……… 154
实训任务　调查及分析房屋维修工程的
　　　　　施工预算编制状况 ………… 161
项目小结 ……………………………… 162
综合训练题 …………………………… 163

参考文献 ……………………………… 168

项目一　房屋维修认知

学习目标

（1）了解房屋维修技术与维护管理的相关概念，房屋维修日常服务的程序及考核指标，房屋完损等级评定标准，房屋完损等级的含义，房屋完损等级的注意事项，危险房屋的概念及分类，鉴定方法。

（2）掌握鉴定房屋的查勘内容和方法，房屋完损等级评定程序，房屋维修的管理内容，房屋维修工程的分类，房屋完损等级的分类，危险房屋的鉴定程序及处理。

（3）熟悉房屋完损等级评定方法，危险房屋的鉴定及处理，房屋完损等级的评定。

能力目标

（1）能列表归纳初步房屋完损等级的分类，培养利用图表表述确定房屋完损等级的能力。

（2）运用危险房屋的相关知识，进行房屋建筑的查勘与鉴定的能力。

（3）通过实训任务，培养合作意识和创新思维能力。

素质目标

（1）在学习过程中培养学生的职业理想，具有科学精神和态度。

（2）培养学生的信息素养，具有区分房屋完损等级及其类别的能力。

（3）在房屋维修认知的实训环节中培养学生的职业道德与工匠精神，培养学生的团队协助、团队互助等意识。

（4）通过实训小组营造团队协作的气氛，培养学生的语言表达能力。

学习任务一　房屋维修技术与维护管理认知

案例导入 1-1

依据《物业管理条例》等法规的规定，物业服务企业与业主或业主大会订立物业服务合同，提供物业服务，对小区的房屋及配套设施设备和相关场地进行维修、养护、管理，维护物业管理区域内的环境卫生和相关秩序的活动。

居民小区不是公共场所，物业服务企业不承担作为一般公共场所管理者的安全保障义务。但是，物业服务企业依法承担防范高空抛物（坠物）致人损害等方面的安全保障义务。这样的安全保障义务与作为一般管理者对公共场所承担的安全保障义务具有较高的同质性。物业服务企业承担相关侵权责任，应当符合侵权责任构成的全部要件，特别需要在过错、因果关系等方面进行重点关注。在多种因素造成损害发生的情况下，物业服务企业依法承担按份责任或者相应的补充责任。

请问：物业服务企业应如何对房屋进行定期查勘鉴定和维修呢？

一、房屋维修的相关概念

1. 房屋维修

房屋维修按修缮部位划分为结构修缮工程和非结构修缮工程，是指对房屋进行查勘、设计、维护和更新等维修活动的总和。

微课视频：房屋维修技术与维修管理含义

2. 房屋产权所有人

持有房屋所有证的房屋所有人（法人单位和自然人）、受权管理国有房屋的房屋产权人统称房屋产权所有人。

3. 房屋维修责任人

政府房产管理部门、房屋管理经营单位、房产物业管理公司、自管房单位，按房屋所有权或按《房屋管理合同》中相关条款的规定负有对所管辖房屋的维修责任，统称为房屋维修责任人。

4. 房屋使用人

自由住宅的房屋产权所有人、租赁房屋产权人、房屋的承租人、共有产权房屋的使用单位或个人，统称为房屋使用人。

5. 房产管理部门

房产管理部门是指地方政府设置的主要负责贯彻国家房产管理方针、政策和法律、法规，制定本地区房产市场管理规章制度，负责本地区房产市场管理，依法对房产行业经营行为实施监督检查及行政执法工作，依法对各种违法违规行为进行行政处罚的行政部门。

6. 房地产开发公司

房地产开发公司是指依法设立、具有企业法人资格的经济实体。从事房地产开发、经营、管理和服务活动，并以营利为目的进行自主经营、独立核算的经济组织。

7. 物业

物业是指在建或已建成并投入使用的各类建筑物，以及其配套设施设备和相关场地。

8. 物业管理

物业管理是指业主通过选聘物业服务企业，由业主和物业服务企业按照物业服务合同的约定，对房屋及配套的设施设备和相关场地进行维修、养护、管理，维护相关区域内的环境卫生和秩序的活动。

9. 物业服务企业

物业服务企业是指按照法定程序成立并具有相应资质条件，专门从事永久性建筑物、附属设备设施等物业及相关和周边环境管理工作，为业主和非业主使用人提供良好的生活或工作环境，具有独立的企业法人地位的经济实体。

10. 房屋维修设计方案或房屋维修计划

房屋维修设计方案是在对所需维修的房屋进行认真查勘后，根据所查勘房屋的实际损坏情况，为确定具体的维修项目并保证房屋维修效果而进行的维修方案设计，包括设计图，使用的设备，主要材料品种、规格、数量，维修工程概算。

房屋维修计划是针对需要维修的项目编制的包括维修工程的分项工程名称、施工工期、维修费用额、质量等级及其他要求等内容的详细维修计划表。

11. 房屋维修技术

房屋维修技术是指在既有房屋建筑的查勘、鉴定、设计、施工、验收等环节，运用房屋建筑、结构和施工等方面的专业手段和方法，利用必需的物质材料使损坏的房屋建筑恢复其结构安全和使用功能的活动的总称。

12. 房屋维修管理

房屋维修管理是指对既有房屋进行翻修、大修、中修、小修、综合维修和日常维护保养等进行计划、组织、协调、控制的活动。

二、房屋维修管理特点

1. 复杂性

由于房屋维修涉及各个单位、千家万户，项目多而杂，而且由于房屋的固定性及房屋损坏程度的不同，决定了维修场地和维修队伍随着修房地段、位置的改变而具有复杂性。

2. 条件限制性

房屋使用期限长，在使用中由于自然或人为的因素影响，会导致房屋、设备的损坏或使用功能的减弱，而且由于房屋所处的地理位置、环境和用途的差异，同一结构房屋使用功能减弱的速度和损坏的程度也是不均衡的，因此，房屋维修管理是大量的经常性的一项复杂的工作。

3. 技术要求高

房屋维修由于要保持既有建筑的风格和设计意图，因此技术要求相对于同类新建工程要高。房屋维修有其独特的设计、施工技术和操作技能的要求，而且对于不同建筑结构、不同等级标准的房屋，采用的维修标准也不同。

三、房屋维护的工作程序

房屋维护的工作程序主要有七个步骤：修缮查勘，修缮设计，工程报建，住户搬迁，维修施工，工程验收与结算，以及工程资料归档。

1. 修缮查勘

在对房屋损坏情况进行定期和季节性查勘的基础上，对损坏项目进行重点抽查和复核，运用观测、鉴别和测试等手段，明确损坏程度，分析损坏原因，比较不同的修缮标准和修缮方法，为确定最终修缮方案提供依据。

修缮查勘前应具备下列资料：

（1）房屋地形图。

（2）房屋原始图样。
（3）房屋使用情况资料。
（4）房屋完损等级及定期的和季节性的查勘记录。
（5）历年修缮资料。
（6）城市建设规划和市容要求。
（7）市政管线设施情况。

2. 修缮设计

修缮设计是在修缮查勘的基础上，根据修缮方案和建设部所颁布的《民用建筑修缮工程查勘与设计规程》（JGJ 117—2019）等设计规程、规范，对房屋各修缮项目进行的设计。

3. 工程报建

工程报建是指将房屋修缮计划、修缮方案等上报政府的有关职能部门，取得有关职能部门的审核批准的过程。

4. 住户搬迁

住户搬迁是指进行房屋修缮前，安排需要迁出的住户临时搬迁。

5. 维修施工

维修施工是指对房屋各需要维修项目进行施工。维修施工是一项专业性很强的技术，并非任何施工单位都能胜任。为了保证修缮设计意图的全面实现，施工单位除了要具有较强的专业工程技术，还应有良好的社会信誉。

6. 工程验收与结算

工程验收是指修缮工程完工以后，根据修缮设计文件和国家有关的规范、标准对修缮工程进行质量检查验收。经检查质量不合格的项目要进行返修。全部工程都验收合格后，进行工程结算，即向施工单位付清工程款。

7. 工程资料归档

待房屋修缮工程完工后，将修缮工程项目资料存入该房屋的技术档案之中的过程。归档资料有以下资料：

（1）政府审批文件。
（2）工程合同。
（3）修缮设计文件。
（4）工程会审记录。
（5）维修工程变更通知。
（6）隐蔽工程验收记录。

四、房屋维修管理的内容

房屋维修管理的内容主要有房屋维修质量管理、房屋维修施工管理及房屋维修行政管理。

微课视频：房屋维修管理内容

1. 房屋维修质量管理

房屋维修质量管理是指物业管理部门通过对既有房屋的质量状况进行调查与鉴定，建立房屋质量档案，编制房屋维修计划并组织实施，确保房屋能够正常发挥功能的过程。

房屋维修质量管理是一个动态的过程，重点在于抓住以下三个环节：

（1）弄清房屋质量现状。

（2）进行维修计划的编制。

（3）保证维修计划得以实施。

2. 房屋维修施工管理

房屋维修施工管理应抓好施工前准备、施工中质量保证和竣工验收三项工作。

动画视频：房屋维修施工管理

（1）在施工前期准备工作阶段。房屋管理部门要准备好房屋维修工程的设计图及有关文件材料，向施工单位介绍应修房屋的维修项目、范围，并提出技术要求，对需维修的房屋应提前做好房屋居住人员的搬迁工作。

（2）在房屋维修施工阶段。要坚持按图施工，对重要部位和隐蔽工程要及时检查。要强化监督检查工作，在检查中，应抓住质量是否达到标准、病害整治是否彻底、维修后是否还留有致病因素等关键环节，发现问题要追根溯源，并加以解决。

（3）在竣工验收阶段。维修工程竣工后，应先由施工单位初验。初验确认质量合格后，提交竣工资料并请求竣工验收，由工程监理单位或批准单位组织正式验收。竣工验收时，应按照国家有关规范和标准，对工程质量做出评定，并写成验收记录，凡不符合要求的，应进行翻修和补做，直到符合规定的标准和要求为止。

3. 房屋维修行政管理

房屋维修行政管理主要内容是指由国家制定的房屋维修政策、规范、标准，要求各维修单位遵照执行，如住房和城乡建设部制定的《房屋修缮技术管理规定》《房屋修缮工程施工管理规定》《房屋修缮工程质量评定标准》《房屋完损等级评定标准》及《危险房屋鉴定标准》等。

它对规范物业管理企业的房屋维修行为，调解房屋施工单位与使用单位之间的纠纷等具有重要作用。

五、房屋维护工程的分类

1. 按房屋维修的部位划分

按房屋维修的部位可分为结构修缮工程和非结构修缮工程。

微课视频：房屋维护工程的分类

（1）结构修缮工程：对房屋的基础、梁、板、柱、承重墙等主要承重构件进行的维修和养护，恢复和确保房屋的安全性是结构修缮的重点。

（2）非结构修缮工程：对房屋的非承重墙、门窗、装饰、附属设施等非结构部分进行的维修与养护，它既可以延续房屋的适用性，也对房屋的结构部分有良好的防护作用。

2. 按房屋维修规模的大小划分

按房屋维修规模的大小划分可分为以下几种：

动画视频：房屋维护工程按房屋维修规模的大小划分

（1）翻修工程（更新改造工程）。翻修工程是指原来的房屋需要全部拆除，另行设计，重新建造或利用少数主体构件在原地或移动后进行更新改造的工程。其特点是规模大、投资大、工期长。其费用应低于同类结构房屋的新建造价。翻修后必须达到完好房的标准，主要适用于危险房。

（2）大修工程。大修工程是指无倒塌或只有局部倒塌危险的房屋，其主体结构和公用生活设备（包括上、下水及通风取暖等）的大部分已严重损坏，虽不需要全面拆除但必须对它们进行牵动、拆换、改装、新装，以保证其基本完好或完好的工程。其费用为同类结构新建房屋造价的25%以上。其特点是工程地点集中、项目齐全、工程量大、花费大，具有整体性，一般与房屋的抗震加固、局部改善房屋居住使用条件相结合进行。大修后，房屋要达到基本完好房的标准，适用于严重损坏房。

（3）中修工程。中修工程是指房屋少量主体构件已损坏或不符合建筑结构的要求，需要牵动或拆换，进行局部维修，以保持房屋原来的规模和结构的工程。其是一次维修费用，在该房屋同类结构新建造价的20%以下。其特点是工程地点比较集中、项目较小、工程量较大、工程的计划性及周期性强，适用于一般损坏房屋。中修后，70%以上房屋要符合基本完好或完好房标准的要求。

（4）小修工程。小修工程也称零修工程或养护工程，是指物业管理企业为确保房屋正常使用，保持房屋原来的完损等级而对房屋使用中正常的小损坏进行及时修复的预防性养护工程。其综合平均费用占房屋现时总造价的1%以下。其特点是项目简单、零星分散、量大面广、时间紧迫、持续反复性强、服务性强，适用于完好、基本完好房。

（5）综合维修工程。综合维修工程是指成片多幢或面积较大的单幢楼房，大部分严重损坏而进行有计划的成片维修和为改变片（幢）房屋面貌而进行的维修工程，也就是大修、中修、小修一次性应修尽修（全项目修理）的工程。其费用是该片房屋同类结构新建造价的20%以上。其特点是规模较大、项目齐全、工期长、花费大，综合维修后的房屋应达到基本完好或完好房的标准。

六、房屋维护日常服务的程序及考核指标

1. 日常服务程序

日常服务程序主要是处理各种各样的小修项目，通常是由物业管理人员的日常巡楼及业主（或物业使用人）的日常报修两个渠道来收集。

（1）服务要求。水电急修不过夜，小修项目不过三天，一般项目不过五天。

（2）服务流程。根据房屋维修的计划表和随时发生的小修项目，开列小修维修单。维修人员凭维修单领取材料（或经费），根据维修单开列的工程地点、项目内容进行施工。

2. 考核指标

（1）定额指标。搞好日常服务的必要保证。

（2）经费指标。小修养护经费主要通过收取物业管理服务费筹集。中修、大修及更新改造经费则使用业主购房时缴纳的物业管理维修基金。

（3）服务指标。走访查房率，养护极化率，养护及时率。

（4）安全指标。严格遵守操作规程、不违章上岗和操作，持证上岗；注意工具、用具的安全检查，及时修复或更换不安全因素的工具、用具；按施工规定选用结构部件材料。

学习任务二　房屋完损等级评定

案例导入 1-2

危房整治改造任重而道远，需要建立一整套长效管理机制。厦门市住房和建设局是如何建立现代化、科学化、规范化房屋安全管理模式的呢？

首先是周期治理。每套房屋从房屋建造、使用，到维护、拆除，"一楼一档"，建立房屋安全"全生命周期"管理。在对房屋进行查勘鉴定、评定房屋完损等级的基础上，及时发现、鉴别、消除房屋安全隐患，在保障房屋使用安全的同时，延长房屋使用寿命。

其次是数据治理。整合各类房屋数据170多万条，建立房屋安全数据库。实现房屋安全管理数据"云"上处理，安全巡检移动化，线索流转网络化，提升房屋安全隐患处置效率。

最后是长效治理。明确房屋安全责任人的治理责任和禁止事项，纳入信用管理，实行信用监管，完善危房调换、翻改建、解危应急等长效管理机制。

请问：房屋完损等级的评定标准是什么？

一、房屋完损等级的评定标准

1. 房屋完损等级的含义

房屋在使用过程中，由于使用、管理、保养、维修不善，以及自然因素和其他外在因素等的影响，会出现不同程度的损坏，并可能在使用时出现危险。人们在长期使用房屋的过程中，通过比较分析，逐渐形成了房屋完损等级的概念和鉴别标准。

微课视频：房屋完损等级评定标准

房屋完损等级是指既有房屋的完好或损坏程度的等级，即既有房屋的质量等级。它是按照统一的标准、项目和评定方法，通过直观检测、定性定量分析，对现有房屋进行的综合性等级评定。

2. 房屋完损等级的分类

在房屋完损等级的评定中，把各类房屋分为结构、装修、设备三大组成部分，并具体划分为14个项目：结构部分分为基础、承重构件、非承重构件、屋面和楼地面5项；装修部分分为门窗、外抹灰、内抹灰、顶棚、细木装修5项；设备部分分为水卫、电照、暖气和特种设备4项。房屋完损等级分为以下几种。

（1）完好房。是指质量情况如下的房屋：结构完好、装修完好、设备完好，且房屋其他各部分完好无损，无须修理或经过一般小修就能正常使用。

（2）基本完好房。是指质量情况如下的房屋：结构基本完好，少量构件有轻微损坏；装修基本完好、部分有损坏，油漆缺乏保养，小部分装饰材料老化、损坏；设备基本完好，部分设备有轻微损坏。房屋损坏部分不影响房屋正常使用，一般性维修可修复。

（3）一般损坏房。是指质量情况如下的房屋：结构一般性损坏，部分构件损坏、变形或有裂缝，屋面局部渗漏；装修局部有破损，油漆老化，抹灰和装饰砖小面积脱落，门窗有破损；设备部分损坏、老化、残缺而不能正常使用，管道不够通畅，水、电等设备不能正常使用。房屋需进行中修或局部大修、更换部分构件才能正常使用。

（4）严重损坏房。是指质量情况如下的房屋：结构严重损坏，有明显变形或损坏，屋面严重渗漏，构件严重损坏；装修严重变形、破损，装饰材料严重老化、脱落，门窗严重松动、变形或腐蚀；设备陈旧不全，管道严重堵塞，水、电等设备残缺不全或损坏严重。房屋需进行全面大修、翻修或改建。

（5）危险房。是指结构已经严重损坏，或承重构件已属危险构件，随时可能丧失稳定和承载能力，不能保证居住和使用安全的房屋。

上述等级划分、评定标准执行《房屋完损等级评定标准》。该标准适用于钢筋混凝土结构、混合结构、砖木结构和其他结构（指竹木、砖石、土建造的简易房屋）房屋。钢结构、钢-钢筋混凝土组合结构房屋可参照评定。对于抗震设防要求的地区，在划分房屋完损等级时应结合抗震能力进行评定。

3. 房屋完损等级的标准

房屋完损等级标准是指房屋的结构、装修、设备等各组成部分的质量标准。由于房屋设计、施工质量、养护修缮程度、使用功能、使用年限及维护程度不同，致使房屋结构、装修、设备各项目完损程度的评价标准不同，应逐步对照完损等级标准进行评定。危险房屋的评定按《危险房屋鉴定标准》（JGJ 125—2016）执行。

二、房屋完损等级评定方法

1. 钢筋混凝土结构、混合结构、砖木结构房屋完损等级的评定

（1）房屋的结构、装修、设备等组成部分的各项均符合同一个完损等级标准的，该房屋的完损等级就是分项所符合的完损等级。

（2）房屋的结构部分各分项符合同一个完损等级标准，而在装修、设备部分中有一两项完损程度下降一个等级，其余各分项和结构部分符合同一个完损等级标准的，该房屋完损等级按结构部分的完损等级来确定。

（3）房屋的结构部分中非承重墙或楼地面分项有一项下降一个完损等级，在装修或设备部分中有一项下降一个完损等级，其余三个组成部分的各分项都符合上一个完损等级的，该房屋完损等级可按大部分分项的完损程度来确定。

（4）房屋的结构部分中地基基础、承重构件、屋面等项的完损程度符合同一个完损等级标准，其余各分项都高出一个等级的，该房屋的完损等级按地基基础、承重构件、屋面等项的完损程度来评定。

例如，某栋砖木结构房屋的地基基础、承重构件、屋面等项的完损程度符合一般损坏标准，其余各分项完损均符合基本完好标准，则该房屋完损等级应评为"一般损坏房屋"。

2. 其他结构房屋完损等级的评定

其他结构房屋是指木、竹、石结构等类型的房屋，通称简易结构房屋。此构房类房屋完损等级的评定方法如下：

（1）房屋的结构、装修、设备等组成部分的各分项符合同一个完损等

标准的，该房屋的完损等级就是分项的完损程度符合的等级。

（2）房屋的结构、装修、设备等组成部分的绝大多数项目符合同一个完损等级标准，有少量分项符合高一个完损等级的，该房屋的完损等级按绝大多数分项的完损程度评定。

三、房屋完损等级的评定程序

（1）建立评定组织，制订房屋完损等级的评定计划。
（2）组织评定人员培训，搞好试点工作。
（3）准备查勘工具及各种统计记录表格。
（4）按《房屋完损等级评定标准》进行现场查勘鉴定。根据每栋房屋的结构、装修、设备部分各项目的完损情况进行整理分析，填写房屋完损等级评定表。

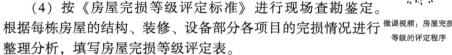

微课视频：房屋完损等级的评定程序　　动画视频：房屋完损等级的评定程序

（5）按房屋完损等级评定方法分析每栋房屋的查勘资料，确定该房屋的完损等级。

评定房屋完损等级后，填写房屋完损等级统计汇总表，进行统计汇总。以掌握房屋各类结构的完损等级状况，制订合理的养护、修缮计划。

四、房屋完损等级的评定注意事项

（1）在评定完损等级时，要以房屋的实际完损程度为依据，严格按建设部颁发的《房屋完损等级评定标准》进行，不能以建筑年代来评定房屋完损等级，也不能以房屋原设计标准高低来代替评定房屋完损等级的标准。

动画视频：房屋完损等级的评定注意事项

（2）在评定完损等级时，地基基础、承重构件、屋面等项的完损等级程度是决定该房屋完损等级的主要条件。如这三项不符合同一完损等级标准，则不能评定为完好房屋。

（3）在评定完好房屋时，房屋的结构部分的各项指标都要达到完好标准，才能评定为完好房屋。

（4）在评定严重损坏房屋时，结构、装修、设备等各部分的分项完损程度不能下降到危险房屋标准。

（5）评定危险房屋时，应参照现行《危险房屋鉴定标准》。

学习任务三　危险房屋的查勘及鉴定

案例导入 1-3

各地要重点对行政区域内所有行政村（包括乡镇政府驻地行政村、街道办事处下辖行政村）用作经营的农村自建房开展回头看排查。同时，要精准排查城中村、城郊村及乡镇政府驻地行政村或街道办事处下辖行政村范围内的房屋，特别是用于出租或仓储的房屋、增加楼层或改变承重结构的房屋、居住与经营生产混杂的房屋及用作经营的农村自建房。

对初步判断存在安全风险隐患的房屋，要立即组织技术服务专家进行房屋安全性评估或委托专业机构进行安全性鉴定，评估或鉴定为危房的，要彻底清空、封场，坚决杜绝危房住人、使用危房等情况发生，确保不漏一户、不漏一人、不留死角、专人盯控、专人负责。

此外，各级地方政府要压实主体责任，加强工作统筹，对辖区农村房屋安全生产建立"责任清单"，确保辖区农村房屋安全不出现安全事故。同时，各地要将鉴定或评定为危房的农村房屋形成"问题清单"和"整治清单"，做到逐户建立整改方案，逐一整改销号，确保房屋安全排查整治工作取得实效。

请问：什么是危房？如何进行危房的鉴定呢？

一、房屋查勘的内容

房屋查勘分为定期查勘、季节性查勘和修缮性查勘三类。

1. 房屋的定期查勘

房屋的定期查勘也称为房屋安全普查，是指每隔一定的时间对所管房屋逐栋逐间进行检查鉴定，全面掌握房屋的完损情况，确定房屋的完损等级，并在此基础上制订合理的养护和维修计划。

微课视频：房屋的查勘内容

一般来说，应该每隔1~3年查勘鉴定一次。查勘主要是对房屋的结构、装修和设备设施三大部分进行全面查勘鉴定，核对实物现状，查明目前用途，记录各部分完损状况，并按照一定的标准进行分析，评定房屋完损等级，同时调查用户在使用方面的意见和要求。房屋查勘的具体内容有以下几种。

（1）结构查勘。结构查勘的内容主要包括基础有无沉降、破损等现象，墙体、梁、板、柱、屋架、楼梯、楼面、阳台等有无裂缝、变形、损坏、腐蚀、松动、渗漏等现象，防潮层、防水层有无老化、裂缝、渗漏、破损等现象。

（2）装修查勘。装修查勘的内容主要包括内外墙、顶棚抹灰有无裂缝、起壳、脱落等现象，地板砖、装饰瓷砖有无起壳、松动、裂缝、脱落等现象，门窗有无损坏、腐烂现象，装饰油漆有无褪色、起壳、脱落等现象。

（3）设备查勘。设备查勘的内容主要包括水电、煤气、消防、卫生、暖气、通信等设备是否齐全通畅、安全完整、设置合理等。

动画视频：房屋的定期查勘

（4）附属设施查勘。附属设施查勘的内容主要包括垃圾通道、下水道、化粪池等有无堵塞、损坏、渗漏等现象。

2. 房屋的季节性查勘

房屋的季节性查勘是指根据所在地区的气候特征和季节特点进行的机动性房屋查勘鉴定。季节性查勘主要针对以下房屋：

（1）建筑在山坡、江畔、软土地段，在大雪、大雨、山洪、台风、地震过后可能不安全的房屋。

动画视频：房屋的季节性查勘

（2）新发现有危险迹象的房屋。

（3）严重损坏，有安全隐患的房屋。

（4）未及时实施安全处理措施的危险房屋。

（5）年久失修但还在使用的房屋。

（6）学校、医院、商场、娱乐场所等人流密度大的房屋。

3. 房屋的修缮性查勘

根据《民用建筑修缮工程查勘与设计规程》（JGJ/T 117—2019）的规定，房屋修缮查勘以定期查勘或季节性查勘所掌握的房屋完损资料为基础，对需要维修的房屋部位或项目运用观测、鉴别和测试等手段做进一步查勘检查，以明确损坏程度，分析损坏原因，比较不同的修缮标准和修缮方法，确定修缮方案。

一般情况下，修缮查勘应重点查明房屋的以下情况：

（1）荷载和使用条件的变化。

（2）房屋的渗漏程度。

（3）屋架、梁、柱、搁栅、檩条、砌体、基础等主体结构部分，以及房屋外墙抹灰、阳台、栏杆、雨篷、饰物等易坠落构件的完损情况。

（4）室内外上水、下水管线与电气设备的完损情况。

对特殊情况的查勘，如房屋发生意外事故，其危险性不确定时，或者业主要改变原使用功能时，都要组织技术人员进行及时查勘，提出具体意见和建议。

二、房屋查勘的方法

1. 直观检查法

直观检查法是查勘人员以目测或简单工具来检查房屋的完损状况。查勘时通过现场直接观察房屋外形的变化，如房屋结构的变形、倾斜、裂缝、脱落等破损情况，用简单工具（如线、尺）测估房屋破损程度及损坏构件数量，根据工程技术经验判断房屋构件损坏程度。

2. 重复观测法

由于被查勘房屋的损坏情况在不断地变化，一次查勘不能准确无误地确定房屋的完损等级，需要多次查勘才能掌握其损坏变化程度，从而掌握房屋的最终完损情况。这种方法被称为重复观测法。

3. 仪器检测法

仪器检测法是用各种仪器对房屋各种状况进行检测，通过多种定量分析指标来确定房屋完损等级。其做法一般是借助经纬仪、水准仪、激光准直仪等仪器检查房屋的变形、沉降、倾斜等状况，用回弹仪枪击法、撞击法、敲击法等机械方法进行房屋的非破坏性检验，用超声波脉冲法、共振法进行构件的物理检验，用万能试验机对构件样品进行性能测试等。

4. 荷载试验法

荷载试验法是通过对房屋结构施加试验性荷载，进而对房屋结构损坏程度进行鉴定。该法主要用于房屋发生重大质量事故，构件发生重大变形、裂缝，房屋改变用途或增加层数而无必要数据时对房屋结构、构件等进行的技术性测定。

5. 计算分析法

计算分析法是将房屋查勘的相关资料和测定结果运用结构理论进行计算分析，对房屋结构、构件进行强度、刚度、稳定性验算，从而确定结构构件是否安全。计算时要根据实际的负荷，以实测材料强度为准，以便准确地测定结构的负载能力。

三、危险房屋的分类

危险房屋（简称危房）是指结构已经严重损坏，或承重构件已属危险构件，随时可能丧失稳定和承载能力，不能保证居住和使用安全的房屋。危险房屋主要分为整栋危房、局部危房及危险点房。

（1）整栋危房。整栋危房（又称"全危房"）是指承重结构的承载能力已不能满足正常使用要求，整体出现险情的房屋。这类房屋的大部分结构、装修、设备均有不同程度的严重损坏，无法确保使用安全。

（2）局部危房。局部危房（又称"局危房"）是指部分承重结构的承载能力已不能满足正常使用要求，局部出现险情的房屋。这类房屋大部分的结构承载能力基本正常，只是局部结构有险情，只要排除局部危险就可安全使用。

（3）危险点房。危险点（又称"危点"）是指处于危险状态的单个承重构件、围护构件或房屋设备。这类房屋结构的承载力基本能满足正常要求，只是个别构件出现险情成为危点。只要将这些危点及时维修，排除险情，房屋就可安全使用。

四、危险房屋的鉴定程序

危险房屋的鉴定程序是受理委托、初步调查、检测验算、鉴定评级、提出处理建议及出具报告。

动画视频：危险房屋的鉴定程序

（1）受理委托。一般由房屋的产权单位或用户提出鉴定申请，鉴定单位根据委托人的要求，确定房屋危险性鉴定的内容和范围。

（2）初步调查。鉴定机构对房屋使用状况的档案资料进行调查、收集和分析，并进行现场查勘，制订检测鉴定方案。

（3）检测验算。根据有关技术资料和鉴定方案，对房屋现状进行现场检测，必要时进行仪器测试和结构验算。

（4）鉴定评级。对调查、查勘、检测、验算所获得的数据资料和实际状况进行全面的分析，综合评定其危险等级。

（5）提出处理建议。对被鉴定的房屋提出原则性的处理建议。

（6）出具报告。鉴定报告由鉴定人员使用统一的专业用语写出。

微课视频：危险房屋的鉴定及处理方法

五、危险房屋的鉴定方法

1. 第一层次：构件危险性鉴定

按《危险房屋鉴定标准》，评定各构件为危险构件（Td）或非危险构件（Fd）。

（1）单个构件划分的有关规定。

1）基础：独立基础以一个基础为一个构件；柱下条形基础以一个自然间的一轴线为一个构件；板式基础以一个自然间的面积为一个构件。

2）墙体以一个计算高度、一个自然间的一轴线为一个构件。

（2）构件危险性的鉴定标准。

1）地基部分有下列现象之一者，应评定为危险状态。

①地基沉降速度连续两个月大于2mm/月,且短期内无终止趋势。

②地基产生不均匀沉降,其沉降量大于《建筑地基基础设计规范》(GB 50007—2011)规定的允许值,上部墙体产生沉降裂缝大于10mm,且房屋局部倾斜率大于1%。

③地基不稳定,产生滑移,水平位移大于10mm,并对上部结构有显著影响,且仍有继续滑动迹象。

2)基础部分有下列现象之一者,应评定为危险点。

①基础承载能力小于基础作用效应的85%。

②基础老化、腐蚀、酥碎、折断,导致结构明显倾斜、位移、裂缝、扭曲等。

③基础已有滑动,水平位移速度连续两个月大于2mm/月,且短期内无终止趋向。基础承载能力小于基础作用效应的85%,具体是指$R/(\gamma S) < 0.85$,式中R为结构构件承载能力(抗力),γ为结构构件重要性系数,S为结构构件的作用效应。

3)砌体结构构件有下列现象之一者,应评定为危险点。

①主要构件的承载能力小于其作用效应的90%,一般构件的承载能力小于其作用效应的90%。

②承重墙、柱沿受力方向产生裂缝宽度大于2mm、缝长超过层高1/2的竖向裂缝,或产生缝长超过层高1/3的多条竖向裂缝。

③承重墙、柱表面风化、剥落,砂浆粉化,有效截面削弱达15%以上。

④支承梁或屋架端部的墙体或柱截面局部受压产生多条竖向裂缝或裂缝宽度超过1mm。

⑤墙、柱因偏心受压产生水平裂缝。

⑥单片墙、柱产生相对于房屋整体的局部倾斜变形大于0.7%,或相邻构件连接处断裂成通缝。

⑦墙、柱刚度不足,出现挠曲鼓闪等侧弯变形现象,侧弯变形矢高大于$h/150$(h为墙、柱计算高度),或在挠曲部位出现水平或交叉裂缝。

⑧砖过梁中部产生明显竖向裂缝,或端部出现明显斜向裂缝,或支承过梁的墙体有水平裂缝,或产生明显弯曲、下沉变形。

⑨砖筒拱、扁壳、波形筒拱的拱顶沿母线产生裂缝,或拱曲面明显变形,或拱脚明显位移,或拱体拉杆锈蚀严重,或拉杆体系失效。

⑩墙体高厚比超过《砌体结构设计规范》(GB 50003—2011)允许高厚比的1.2倍。

4)木结构构件有下列现象之一者,应评定为危险点。

①主要构件承载能力小于其作用效应的90%,一般构件承载能力小于其作用效应的85%。

②连接方式不当,构造有严重缺陷,已导致节点松动变形、滑动、沿剪切面开裂和剪坏,或者铁件严重锈蚀、松动而使节点连接失效等损坏。

③主梁产生大于$L_0/150$的挠度(L_0为计算跨度),或者受拉区伴有较严重的材质缺陷。

④屋架产生大于$L_0/120$的挠度,且顶部或端部节点腐朽或开裂,或者出平面倾斜量超过屋架高度的1/120。

⑤檩条、搁栅产生大于$L_0/120$的挠度,或入墙木质部位腐朽、虫蛀或空鼓。

⑥木柱侧弯变形,其矢高大于$h/150$,或柱顶劈裂、柱身断裂、柱脚腐朽等受损面积大于原截面的20%。

⑦受拉、受弯、偏心受压和轴心受压构件的斜纹理或斜裂缝的斜度分别大于7%、10%、15%和20%。

⑧存在心腐缺陷的木质构件。

⑨受压或受弯木构件干缩裂缝深度超过构件直径的1/2，且裂缝长度超过构件长度的2/3。

5) 混凝土结构构件有下列现象之一者，应评定为危险点。

①主要构件承载能力小于其作用效应的90%，一般构件承载能力小于其作用效应的85%。

②梁、板产生超过$L_0/150$的挠度，且受拉区的裂缝宽度大于1mm；或梁、板受力主筋处产生横向水平裂缝或斜裂缝，缝宽大于0.5mm，板产生宽度大于1.0mm的受拉裂缝。

③简支梁、连续梁跨中或中间支座受拉区产生竖向裂缝，其一侧向上延伸达到梁高的2/3以上，且缝宽大于0.5mm，或者在支座附近出现剪切斜裂缝。

④梁、板主筋处产生横向水平裂缝和斜裂缝，缝宽大于1mm，板产生宽度大于0.4mm的受拉裂缝。

⑤梁、板因主筋锈蚀产生沿主筋方向的裂缝，且缝宽大于1mm，或者构件混凝土严重缺损，或者混凝土保护层严重脱落、露筋。

⑥现浇板面周边产生裂缝，或者板底产生交叉裂缝。

⑦预应力梁、板产生竖向通长裂缝，或者端部混凝土松散露筋，或预制板底部出现横向断裂缝或明显下挠变形。

⑧受压柱产生竖向裂缝，保护层脱落，主筋外露锈蚀；或者一侧产生水平裂缝，缝宽大于1mm，另一侧混凝土被压碎，主筋外露锈蚀。

⑨墙中间部位产生交叉裂缝，缝宽大于0.4mm。

⑩墙、柱产生倾斜、位移，其倾斜率超过高度的1%，侧向位移量大于$h/500$。

6) 钢结构构件有下列现象之一者，应评为危险点。

①构件的承载能力小于其作用效应的90%。

②构件或连接件有裂缝或锐角切口，焊缝、螺栓或铆接出现拉开、变形、滑动、松动、剪坏等严重损坏。

③受拉构件因锈蚀，截面减少量大于原截面的10%。

④连接方式不当，构造有严重缺陷。

⑤梁、板挠度大于$L_0/250$，或大于45mm。

⑥实腹梁侧弯矢高大于$L_0/600$，且有发展迹象。

⑦受压构件的长细比大于《钢结构设计标准》（GB 50017—2017）中规定值的1.2倍。

⑧钢柱顶位移，平面内大于$h/150$，平面外大于$h/500$或大于40mm。

⑨屋架产生大于$L_0/250$或40mm的挠度；屋架支撑系统松动失稳，导致屋架倾斜，倾斜量超过$h/150$。

2. 第二层次：房屋组成部分危险性鉴定

房屋划分为三个组成部分：地基基础、上部承重结构和围护结构。按《危险房屋鉴定标准》将各部分评定为A_u、B_u、C_u、D_u四个等级：A_u级为无危险点；B_u级为有危险点；C_u级为局部危险；D_u级为整体危险。

房屋组成部分的危险性鉴定是根据地基基础、上部承重结构和维护结构三部分的构件数量及其危险性构件的数量,通过计算三部分危险构件的百分数确定房屋各组成部分的危险性等级,然后计算房屋各组成部分危险性等级的隶属度,为整栋房屋的危险性鉴定提供依据。

3. 第三层次:房屋危险性鉴定

按《危险房屋鉴定标准》将各房屋评定为 A、B、C、D 四个等级。

A 级为无危险构件,能满足安全使用要求的房屋。

B 级为虽然个别结构构件被评定为危险构件,但不影响主体结构安全,基本能满足安全使用要求的房屋。

C 级为部分承重结构不能满足安全使用要求,房屋局部处于危险状态,构成局部危房的房屋。

D 级为承重结构已不能满足安全使用要求,房屋整体处于危险状态,构成整栋危房的房屋。

由房屋组成部分的各种危险性等级隶属度计算出房屋各危险等级的隶属度,即可判别房屋的危险等级。

六、危险房屋的处理

危险房屋的处理主要有观察使用、处理使用、停止使用及整体拆除。

(1) 观察使用。对于经过一定安全技术处理后还可以短期使用的房屋,经维修后可以使用,但在使用期间一定要注意观察。

动画视频:危险房屋的处理

(2) 处理使用。对于通过采取维修技术措施后能排除危险的房屋,经维修后可以使用。

(3) 停止使用。对于无维修价值,暂时又不便于拆除,并且不危及其他房屋和他人安全的房屋,应停止使用。

(4) 整体拆除。对于无维修价值又对其他房屋和公众构成威胁的危险房屋,应将其全部拆除。

实训任务 房屋查勘与初步鉴定

一、实训目的

通过对房屋建筑项目的查勘,进行房屋建筑鉴定报告的撰写。

二、实训要求

(1) 收集房屋建筑项目情况,填写房屋的概况。

(2) 对该房屋建筑项目各部分进行详细查勘,确定完损情况。

(3) 根据房屋查勘完损情况,提出该房屋建筑的查勘问题,对相应房屋进行总体鉴定,并填写相应的鉴定表。

三、实训步骤

(1) 准备查勘的房屋建筑项目资料(如项目查勘、项目鸟瞰图、项目规划图等相关资料)。

（2）针对房屋的结构、装饰及设备三大部分进行实地现场查勘。

（3）对房屋建筑查勘情况对应填写查勘完损相关表。

（4）针对房屋建筑的总体建设概况、房屋建筑的查勘问题，对相应房屋进行总体鉴定，并提出相应的鉴定报告。

四、实训时间

4 学时。

五、实训考核

（1）考核组织。将学生分组，由指导教师进行考核。

（2）考核内容与方式。小组针对房屋建筑的查勘问题，对相应房屋进行总体鉴定，并提出相应的鉴定报告等，由指导教师进行评分。

项目小结

（1）房屋维护的工作程序主要有七个步骤：修缮查勘，修缮设计，工程报建，住户搬迁，维修施工，工程验收与结算，工程资料归档。

（2）房屋维修管理的内容主要有房屋维修质量管理、房屋维修施工管理及房屋维修行政管理。

（3）房屋维护工程的分类中，按房屋维修的部位划分为结构修缮工程和非结构修缮工程；按房屋维修规模的大小划分为翻修工程、大修工程、中修工程、小修工程及综合维修工程。

（4）在房屋完损等级的评定中，把各类房屋分为结构、装修及设备三大组成部分，并具体划分为 14 个项目：结构部分划分为基础、承重构件、非承重构件、屋面和楼地面 5 项；装修部分划分为门窗、外抹灰、内抹灰、顶棚、细木装修 5 项；设备部分划分为水卫、电照、暖气和特种设备 4 项。

（5）房屋完损等级分为五个类别：完好房，基本完好房，一般损坏房，严重损坏房，危险房。

（6）房屋完损等级的评定程序：建立评定组织，制订房屋完损等级的评定计划；组织评定人员培训，搞好试点工作；准备查勘工具及各种统计记录表格；按《房屋完损等级评定标准》进行现场查勘鉴定；根据每栋房屋的结构、装修、设备部分各项目的完损情况进行整理分析，填写房屋完损等级评定表；按房屋完损等级评定方法分析每栋房屋的查勘资料，确定该房屋的完损等级。

（7）房屋查勘分为定期查勘、季节性查勘和修缮性查勘三类。

（8）危险房屋的鉴定程序是受理委托、初步调查、检测验算、鉴定评级、提出处理建议和出具报告。

（9）危险房屋的处理主要有观察使用、处理使用、停止使用和整体拆除。

项目一　房屋维修认知

综合训练题

一、单项选择题（25×2=50分）

1. （　　）是指对既有房屋进行勘查、设计、维护和更新等维修活动的总和。
   A. 房屋维修　　　　　　　　B. 房屋维修管理
   C. 房屋维修技术　　　　　　D. 房产物业

2. （　　）是在既有房屋建筑的查勘、鉴定、设计、施工、验收等环节，运用房屋建筑、结构和施工等方面的专业手段和方法，利用必需的物质材料使损坏的房屋建筑恢复其结构安全和使用功能的活动的总称。
   A. 房产物业管理公司　　　　B. 房产物业
   C. 房屋维修技术　　　　　　D. 房屋维修管理

3. （　　）是指对既有房屋进行翻修、大修、中修、小修、综合维修和日常维护保养等进行计划、组织、协调、控制的活动。
   A. 房产物业管理公司　　　　B. 房产物业
   C. 房屋维修技术　　　　　　D. 房屋维修管理

4. 房屋维护的工作程序是（　　）。
   A. 修缮查勘→修缮设计→工程报建→住户搬迁→维修施工→工程资料归档→工程验收与结算
   B. 修缮查勘→修缮设计→住户搬迁→工程报建→维修施工→工程验收与结算→工程资料归档
   C. 修缮查勘→修缮设计→工程报建→住户搬迁→维修施工→工程验收与结算→工程资料归档
   D. 修缮设计→修缮查勘→工程报建→住户搬迁→维修施工→工程验收与结算→工程资料归档

5. （　　）是指进行房屋修缮前，安排需要迁出的住户临时搬迁。
   A. 修缮设计　　B. 住户搬迁　　C. 维修施工　　D. 工程报建

6. （　　）是对既有房屋的基础、梁、板、柱、承重墙等主要承重构件进行的维修和养护。
   A. 结构修缮工程　　　　　　B. 翻修工程
   C. 非结构修缮工程　　　　　D. 大修工程

7. （　　）是对既有房屋的非承重墙、门窗、装饰、附属设施等非结构部分的维修与养护。
   A. 结构修缮工程　　　　　　B. 非结构修缮工程
   C. 翻修工程　　　　　　　　D. 大修工程

8. （　　）一次维修费用是该房屋同类结构新建造价的20%以下。
   A. 翻修工程　　B. 大修工程　　C. 中修工程　　D. 小修工程

9. （　　）需进行中修或局部大修、更换部分构件才能正常使用。

17

A. 完好房　　　　B. 基本完好房　　　C. 一般损坏房　　D. 严重损坏房
　10.（　　）需进行全面大修、翻修或改建。
　　　A. 完好房　　　　B. 基本完好房　　　C. 一般损坏房　　D. 严重损坏房
　11.（　　）损坏部分不影响房屋正常使用，一般性维修可修复。
　　　A. 完好房　　　　B. 基本完好房　　　C. 一般损坏房　　D. 严重损坏房
　12. 钢筋混凝土结构房屋的结构、装修、设备等组成部分的各项均符合一般损坏房等级，则该房屋的完损等级是（　　）。
　　　A. 完好房　　　　B. 基本完好房　　　C. 一般损坏房　　D. 严重损坏房
　13. 混合结构房屋的结构部分各分项符合基本完好房等级，而在装修、设备部分中有一、二项完损程度符合一般损坏房等级，其余各分项和结构部分符合基本完好房等级，则该房屋的完损等级是（　　）。
　　　A. 完好房　　　　B. 基本完好房　　　C. 一般损坏房　　D. 严重损坏房
　14. 砖木结构房屋的结构部分中非承重墙或楼地面分项有一项为基本完好房等级，在装修或设备部分中有一项为一般损坏房等级，其余三个组成部分的各分项都符合基本完好房等级，则该房屋的完损等级是（　　）。
　　　A. 完好房　　　　B. 基本完好房　　　C. 一般损坏房　　D. 严重损坏房
　15. 钢筋混凝土结构房屋的结构部分中地基基础、承重构件、屋面等项的完损程度符合基本完好房等级，其余各分项都为完好房等级，则该房屋的完损等级是（　　）。
　　　A. 完好房　　　　B. 基本完好房　　　C. 一般损坏房　　D. 危险房
　16. 木结构房屋的结构、装修、设备等组成部分的各分项符合严重损坏房等级，则该房屋的完损等级是（　　）。
　　　A. 完好房　　　　B. 基本完好房　　　C. 一般损坏房　　D. 严重损坏房
　17. 在评定房屋的完损等级时，要以房屋的实际完损程度为依据，严格按建设部颁发的（　　）进行。
　　　A.《建筑抗震鉴定标准》　　　　　B.《建筑抗震加固技术规程》
　　　C.《危险房屋鉴定标准》　　　　　D.《房屋完损等级评定标准》
　18. 在评定房屋的完损等级时，房屋结构部分的各项指标都要达到完好标准，才能评定为（　　）。
　　　A. 完好房　　　　B. 基本完好房　　　C. 一般损坏房　　D. 严重损坏房
　19. 房屋被评定为严重损坏等级时，其结构、装修、设备等各部分的分项完损程度不能下降到（　　）。
　　　A. 完好房　　　　B. 基本完好房　　　C. 一般损坏房　　D. 危险房
　20.（　　）是指根据所在地区的气候特征和季节特点进行的机动性房屋查勘鉴定。
　　　A. 定期查勘　　　B. 季节性查勘　　　C. 修缮性查勘　　D. 非定期查勘
　21.（　　）也称为房屋安全普查。
　　　A. 定期查勘　　　B. 季节性查勘　　　C. 修缮性查勘　　D. 非定期查勘
　22.（　　）是指结构已经严重损坏，或承重构件已属危险构件，随时可能丧失稳定和承载能力，不能保证居住和使用安全的房屋。

A. 完好房屋　　　B. 一般损坏房屋　　　C. 严重损坏房屋　　　D. 危险房屋

23. 危险房屋的鉴定程序是（　　　）。
    A. 初步调查→受理委托→检测验算→鉴定评级→提出处理→出具报告
    B. 受理委托→初步调查→检测验算→鉴定评级→提出处理→出具报告
    C. 受理委托→初步调查→检测验算→鉴定评级→出具报告→提出处理
    D. 受理委托→初步调查→检测验算→提出处理→鉴定评级→出具报告

24. 下列不属于房屋完损等级评定中三大组成部分的是（　　　）。
    A. 结构　　　　B. 装修　　　　C. 设备　　　　D. 人力

25. 下列不属于房屋维修管理主要内容的是（　　　）。
    A. 房屋维修质量管理　　　　　B. 房屋维修施工管理
    C. 房屋维修行政管理　　　　　D. 房屋维修人力管理

二、多选题（10×2＝20分）

1. 房屋维修质量管理是一个动态的过程，需重点抓住的三个环节是（　　　）。
    A. 调解房屋施工与使用单位之间的纠纷
    B. 保证维修计划得以实施
    C. 进行维修计划的编制
    D. 弄清房屋质量现状

2. 房屋维修施工管理应抓好的三项工作是（　　　）。
    A. 施工前准备　　　　　　　　B. 施工中质量保证
    C. 施工后人员保证　　　　　　D. 竣工验收

3. 房屋维修管理的特点是（　　　）。
    A. 复杂性　　　B. 条件限制性　　　C. 技术要求高　　　D. 人为性

4. 按房屋维修的部位可以将房屋维修工程分为（　　　）。
    A. 翻修工程　　　　　　　　　B. 结构修缮工程
    C. 非结构修缮工程　　　　　　D. 大修工程

5. 在评定房屋的完损等级时，（　　　）等项的完损等级程度是决定该房屋完损等级的主要条件。
    A. 施工条件　　　B. 地基基础　　　C. 承重构件　　　D. 屋面

6. 修缮查勘应重点查明房屋的情况有（　　　）。
    A. 荷载和使用条件的变化
    B. 房屋的渗漏程度
    C. 屋架、梁等主体结构部分以及房屋外墙抹灰等易坠落构件的完损情况
    D. 室内外上水、下水管线与电气设备的完损情况

7. 房屋查勘分为（　　　）。
    A. 定期查勘　　　B. 季节性查勘　　　C. 修缮性查勘　　　D. 非定期查勘

8. 危险房屋的分类有（　　　）。
    A. 安全点　　　B. 整栋危房　　　C. 局部危房　　　D. 危险点

9. 危险房屋的鉴定方法有（　　　）。
    A. 构件危险性鉴定　　　　　　B. 房屋组成部分危险性鉴定

  C. 修缮性查勘   D. 房屋危险性鉴定

10. 危险房屋的处理方法有（　　）。

  A. 观察使用   B. 处理使用   C. 停止使用   D. 整体拆除

三、简答题（5×4＝20分）

1. 根据房屋结构、装修和设备三大组成部分各项目的完好损坏程度，将房屋完损等级分类。
2. 房屋维修工程主要分为哪些类型？分别适用于何种完损等级的房屋？
3. 房屋查勘的主要方法有哪些？
4. 房屋完损等级的评定程序是什么？
5. 危险房屋的鉴定方法是什么？

四、案例分析题（1×10＝10分）

补齐农村贫困人口住房安全短板，为全面建成小康社会提供有力支撑

（2021-02-18　来源：学习强国—求是　作者：王蒙徽）

  脱贫摘帽不是终点，而是新生活、新奋斗的起点。实施农村危房改造，不仅关系到贫困群众的生命财产安全，更关系着脱贫群众的美好生活需要。习近平总书记指出："为了不断满足人民群众对美好生活的需要，我们就要不断制定新的阶段性目标，一步一个脚印沿着正确的道路往前走。""十四五"时期，要坚持把农村危房改造作为一项基础性、长期性、系统性的工作持续推进，逐步建立农村低收入人口住房安全保障长效机制，不断满足农村群众住房质量安全和品质需求，为推进乡村全面振兴、全面建设社会主义现代化国家提供坚实保障。

  （1）健全动态监测机制。坚持以实现农村低收入群体住房安全有保障为根本，建立农房定期体检制度，加强日常维修管护与监督管理。与相关部门建立协调联动和数据互通共享机制，充分发挥乡（镇）政府和村"两委"作用，落实农户住房安全日常巡查机制，对于监测发现的住房安全问题要建立台账，采取有效措施及时消除房屋安全隐患。

  （2）完善住房保障方式。通过农户自筹资金、政府补贴方式实施农村危房改造，是保障农村低收入群体住房安全的主要方式。对于自筹资金和投工投劳能力弱的特殊困难农户，继续鼓励各地乡镇政府或农村集体经济组织统一建设农村集体公租房和幸福大院、修缮加固现有闲置公房、置换或长期租赁村内闲置农房等方式，灵活解决其住房安全问题，避免农户因建房而返贫致贫。加强农房建设质量安全技术指导与监督管理，确保改造过的农房让农民群众住得安心、住得放心。

  （3）提升农房建设品质。建设现代宜居新农房，是提升农房建设质量、满足广大农村居民改善居住生活品质迫切需要的重要举措，也是实施乡村建设行动、补齐农村基础设施和公共服务短板的重要着力点。坚持以建设美丽宜居乡村、实现乡村全面振兴为目标，加强现代农房设计，完善农房使用功能，整体提升农房居住功能和建筑风貌。

  （4）提升建设管理水平。建立农村房屋全生命周期管理制度和标准规范体系，健全农房选址、设计审查、施工监管、竣工验收以及建筑企业和乡村建设工匠管理等全流程的农房建设管理服务体系。建立农房建设辅导员制度，健全帮扶工作机制。全方位、多层次、各领

域共同发力，截至2020年年底，商城县农民人均可支配收入14 600元，比2015年增长了68.7%，其中建档立卡贫困群众年人均可支配收入增加到现在的11 200元，比2015年翻了两番还多。

请问：1. 什么是危房？（2分）
　　　2. 农村危房改造有什么作用？（8分）

项目二 房屋主体结构的加固与维修

学习目标

(1) 了解房屋加固与维修的新技术和发展趋势。

(2) 掌握房屋主体结构加固与维修的基本知识和技术,理解不同加固方法的原理和适用场景。

(3) 熟悉房屋完损等级评定和危险房屋查勘及鉴定的基本方法,能够准确判断房屋结构的损坏程度和危险性。

能力目标

(1) 能够准确判断房屋结构的损坏程度和危险性,根据房屋结构的具体情况,选择合适的加固方法和维修措施。

(2) 能够按照制定的方案进行施工和维修操作,保证加固和维修的质量和效果并根据实际情况及时调整方案,确保施工的安全和施工顺利进行。

素质目标

(1) 具备高度的责任感和职业操守,能够认真对待加固与维修工作,确保施工质量和安全。

(2) 具备良好的团队协作精神,能够与相关人员紧密合作,共同完成加固与维修任务。

(3) 具备创新思维和解决问题的能力,能够不断探索新的加固与维修方法,提高工作效率和质量。

(4) 具备自主学习和不断更新知识的能力,能够跟上行业发展的步伐,不断提升自己的专业素养。

学习任务一 房屋基础的加固与维修

案例导入 2-1

某小区一栋楼房由于地基基础的不均匀沉降,导致房屋出现倾斜和裂缝等损坏现象。为了确保房屋的安全和使用功能,需要对房屋基础进行加固与维修。经过现场查勘和检测,发现该房屋的基础存在以下问题：地基土质不均匀，导致基础沉降不一致；基础承载能力不足，无法满足房屋的正常使用要求。针对以上问题，制定了以下加固与维修方案：采用桩基对地基进行加固，提高基础的承载能力；对基础进行加大截面加固，增强基础的稳定性；对房屋倾斜和裂缝等损坏现象进行修复，恢复房屋的正常使用功能。通过以上加固与维修措施，成功地解决了该房屋基础的问题，保证了房屋的安全和使用功能。同时，也为类似工程提供了有益的参考和借鉴。

请问：房屋基础不均匀沉降的原因是什么？应该采取什么样的加固和维修措施？

一、房屋基础的损坏形式及主要原因

1. 房屋基础的损坏形式

房屋基础的损坏形式主要表现在以下两个方面：

微课视频：房屋基础
损坏形式及主要原因

（1）地基因承载力不足而失稳，地基因发生过大变形和不均匀变形而导致基础损坏。

（2）基础的强度、刚度不够。

由于各种原因而使基础发生上述损坏形式时，都将引起建筑物出现不同程度的倾斜、位移、开裂、扭曲，甚至倒塌现象。

2. 基础损坏的主要原因

（1）地基软弱。

（2）基础设计不合理。

（3）基础施工材质不符合要求，施工质量差。

（4）上下水管道渗水，引起地基沉陷。

（5）维修养护不及时，地表水渗入地基。

（6）邻近新建房屋基础埋深超过既有房屋基础的底面，两基础之间的距离较小，又没有采取适宜的支护措施，使既有建筑物的地基土受到扰动，地基土强度下降。

（7）随意改动房屋使用性质，房屋加层改造管理不善。

（8）基础埋设深度不当。

二、房屋基础的维护

1. 正确使用，避免大幅度超载

如果上部结构的使用荷载大幅度超过设计荷载，或者在基础附近的地表面大量堆载，就会使地基的附加应力相应增大，从而产生附加沉降。由于超载和堆载的不均匀性，附加沉降往往是不均匀的，有的还会造成基础向一侧倾斜。即使对沉降已经稳定的地基，在未经过鉴定、未取得超载依据、未经过设计确定或未采取有关措施前，也都应避免出现大幅度超载现象。因此，应对日常使用情况进行技术监督，防止对地基基础不利的超载现象发生。

2. 保持勒脚完整，防止基础受损削弱

勒脚破损或严重腐蚀剥落，将会使雨水沿墙面浸入基础。因此，破损部分应及时修复，对于风化、起壳、腐蚀、松酥的部分，应在进行洗刷清除处理后，加做或重做水泥砂浆抹面。勒脚上口宜用砂浆做成20°~30°的斜坡，以利泄水。对有耐蚀性要求的，应采用耐蚀

材料。要经常保持基础覆盖土的完整，防止在外墙四周挖坑。对于墙基处覆土散失的，应及时培土并夯实，不使基础顶部外露，以防受到损伤、削弱。

3. 做好采暖保温工作，防止地冻损害

在季节性冻土地区，要做好基础的保温工作。按采暖设计的房屋，冬季使用时不宜间断采暖；要合理使用，保证各房间正常采暖。如不能保证采暖，应对内外墙基础进行保温处理。有地下室的房屋，寒冷季节地下室门窗应严密封好，以防冷空气侵入引起地基冻害。

4. 加强房屋周围上下水管道设施的管理，防止地基浸水

地基浸水对地基基础的工作状态不利，因此应经常检查房屋四周的排水沟、散水，保持房屋四周与庭院良好的排水状态，避免地基附近出现积水现象。当地面排水有困难或排水沟和散水发生破损时，应立即进行修理。对外墙四周没有排水设施的，应根据条件，采用黏土、灰土、毛石、砖或混凝土加做散水（散水基层应夯实，宽度不小于0.5m），并做成向外倾斜10%的流水坡。采用砖、石铺砌的散水，接缝应灌注灰浆，以免雨水由缝隙浸入。当排出的水中有腐蚀性介质时，排水沟、散水应采用耐腐蚀性材料。

5. 特殊土地区地基要按有关规范和当地经验进行防护

对于湿陷性黄土、膨胀土等特殊土地区地基上的房屋，除了要做好上述各项日常养护工作，还要结合自身的特点，按照当地维护经验进行保养。

（1）湿陷性黄土地区地基基础的防护要求。由于此类黄土具有湿陷性，建在这种地区的房屋建筑常会因为对地基基础的防护不周而发生湿陷变形，所以对该地区的房屋还要做好以下几方面的特殊防护工作。

1）基本防水。不得随意在地面及房屋四周泼洒废水；要保证房屋建筑周围排水畅通，不允许有积水现象出现；不得在房屋建筑周围规定范围内（非自重湿陷性黄土地区为5m，自重湿陷性黄土地区为10m）种菜；不得在建筑物周围10m以内随意开挖地面，如果因施工或修理必须开挖地面的，要提前做好防范工作，以免地面水流入坑中。

2）防漏水。寒冷地区，冬季应对水管采取防寒保温措施，以防冻裂；每年供暖前要对暖气管道进行系统检查，当冬季暖气管道出现事故停用时，要把管道中的存水放尽，以防管道被冻裂而影响地基土；经常检查上、下水系统管道有无漏水、是否畅通等情况，如果发现漏水，应立即切断水源，及时维修。

（2）膨胀土地区地基基础的防护要求。由于膨胀土具有遇水膨胀、失水收缩的特性，建在膨胀土地区的房屋建筑在使用期间要减小地基土中含水量的变化，以减小土的胀缩变形。具体应做好以下几方面的防护工作。

1）合理种植树木。房屋附近不宜种植吸水量大和蒸发量大的树木，因这类树木会使房屋建筑地基失水，导致地基下沉。应根据树木蒸发能力和当地气候条件等，在保证树木和房屋之间距离合理的前提下，合理选种树木，这样既可以绿化环境，有利于人类健康，又不会影响建筑物的地基。

①选择好树木种类。树木种类的选择主要是根据树木的蒸发能力、各地的气候条件和地下水补给情况综合考虑，一般宜选择树干较矮和根系较浅的树种，如一些落叶树、浅根的常绿树。

②选择好种植部位。一般灌木或浅根树在房屋建筑3m以外种植为宜；乔木在5m以外种植为宜；高大的常绿树，在房屋建筑20m以外可成片种植。房屋周围为裸露地面情况时，

应多种植些草皮、绿篱等，以减少太阳对土壤的辐射，从而减少地基土水分的蒸发。

③定期修剪。为了做好膨胀土地区房屋建筑地基基础的防护工作，房屋周围树木、草皮、绿篱等要定期修剪，以避免其长得过高。旱季要给树木培土浇水，必要时对一些年代较久的树木进行更新。

2）在房屋建筑周围做好宽散水。宽散水的宽度要比一般散水宽（宽度通常2～3m），且宽散水有保温隔热层及不透水的垫层。因此，它具有防水、保湿、保温和隔热的作用。

三、房屋基础加固和维修方法

1. 房屋基础鉴定与维修判定

微课视频：房屋基础加固和维修方法

（1）房屋基础产生水平方向的滑移，房屋基础由于承载力严重不足或由于其他特殊地质原因导致不均匀沉降，引起房屋明显倾斜，发生横向位移，产生裂缝、扭曲变形等，并有继续的发展趋势，应立即进行房屋基础加固与维修。

（2）邻近建筑物增大荷载或建筑物本身局部加层增大荷载，导致房屋明显倾斜，发生横向位移，产生裂缝、扭曲变形等，并有继续发展的趋势，应立即进行房屋基础的加固与维修。

（3）因房屋基础老化、腐蚀、酥裂等原因，引起房屋明显倾斜，发生横向位移，产生裂缝、扭曲变形等，并有继续发展的趋势，应立即进行房屋基础加固与维修。

2. 房屋基础加固与维修措施

（1）条形基础的局部加固与维修。

1）按钢筋混凝土基础设计规范进行抗剪计算，确定应增大基础的底边尺寸、高度及配筋。

2）基础尺寸确定后，注意开挖土的深度不应超过原基础的基底，防止扰动原持力土层。

3）混凝土浇筑前，要对与原基础连接部位进行冲洗、凿毛，以保证新旧基础融为一体。

（2）条形基础的两侧扩大加固与维修。

1）按钢筋混凝土基础设计规范进行抗剪计算，确定应增大基础的底边尺寸、高度及配筋。

2）基础尺寸确定后，开挖土的深度最好不超过原基础的基底，以防止扰动原持力土层。

3）新基础的顶面应与原基础放大脚平行，并在室外地面以下。

4）混凝土浇筑前，要对与原基础连接部位进行冲洗、凿毛，以保证新旧基础融为一体。

（3）钢筋混凝土独立基础的加固与维修。

1）按钢筋混凝土基础设计规范进行抗剪计算，确定应增大基础的底边尺寸、高度及配筋（新基础增加厚度不应小于15cm）。

2）基础尺寸确定后，开挖土的深度最好不超过原基础的基底，以防止扰动原持力土层。

3）支撑基础上部柱身承受的荷载或卸荷（减荷），将地面以下基侧、柱周的混凝土凿除，露出主筋。

4）新增基础的钢筋与原基础露出的钢筋焊接固定。

（4）地基土的加固方法。当地基土由于某种原因造成承载力不够时，可根据地基土的具体情况采取化学法或旋喷法进行加固。

1）化学法。地基土加固的化学方法主要有以下几种：

①灌浆法：利用气压、液压或电化学原理将能够固化的某些浆液注入地基介质中或建筑物与地基的缝隙部位，以达到改善地基的物理力学性质，增强地基强度，减小沉降，防止渗漏，提高地基承载力的目的。

②高分子化学注浆法：适用于砂土、粉土、黏性土和人工填土等地基加固。一般用于防渗堵漏，提高地基土的强度和变形模量，控制地层沉降等。

2）旋喷法。旋喷法是利用旋喷机具制作成旋喷桩来提高地基承载力的方法，也称为旋喷注浆法。这种方法适用于处理淤泥、淤泥质土、黏性土、粉土、砂土、黄土、碎石土和人工填土等地基。作为建筑物地基加固、地下工程止水防渗、基坑封底、被动区加固及斜坡稳定的支护措施，旋喷法具有适用范围广、施工简便、固结体形状可控、耐久性较好等特点。

学习任务二　钢筋混凝土结构构件的鉴定与加固

案例导入 2-2

某栋建筑由于使用年限过长，钢筋混凝土结构构件出现老化、损坏等现象，为了确保建筑的安全和使用功能，需要对结构构件进行鉴定与加固。经过现场查勘和检测，发现该建筑的钢筋混凝土结构构件存在以下问题：混凝土保护层剥落、钢筋锈蚀、构件开裂等。这些问题严重影响了结构的安全性和稳定性，需要对结构构件进行加固和修复。针对以上问题，制定了以下鉴定与加固方案：对结构构件进行全面的检测和评估，确定损坏程度和范围；采用加大截面法、粘贴钢板法、碳纤维加固法等加固方法对结构构件进行加固和修复，提高结构的承载能力和稳定性；对修复后的结构构件进行再次检测，确保满足使用要求。通过以上鉴定与加固措施，成功地解决了该建筑钢筋混凝土结构构件的问题，保证了建筑的安全和使用功能。同时，也为类似工程提供了有益的参考和借鉴。

请问：当钢筋混凝土结构构件出现问题时应如何进行加固或维修？

一、钢筋混凝土结构构件的鉴定

当钢筋混凝土结构构件出现下述情况时，应进行加固或维修。

1. 柱、墙

（1）柱体产生裂缝，保护层部分剥落，主筋外露；柱某侧产生明显的水平裂缝，另一侧混凝土被压碎，主筋外露；柱面产生明显的交叉裂缝。

（2）墙中间部位产生明显交叉裂缝，并伴有保护层剥落。

微课视频：钢筋混凝土结构构件的鉴定

（3）墙、柱产生倾斜，其倾斜量超过高度的1/100。

（4）柱、墙混凝土酥裂、碳化、起鼓，其破坏面积超过全面积的1/3，且主筋外露，锈蚀严重，截面减小。

2. 梁、板

（1）单梁、连续梁跨中部位的底面产生横向裂缝，其一侧向上延伸达梁高的2/3以上，或其上面产生多条明显的水平裂缝，上边缘保护层剥落，下面伴有纵向裂缝；连续梁在支座附近产生明显的纵向裂缝；在支座与集中荷载部位之间产生明显的水平裂缝或倾斜裂缝。

（2）框架梁在固定端产生明显的纵向裂缝或斜缝，或产生交叉裂缝。

（3）简支梁、连续梁端部产生明显的斜裂缝，挑梁根部产生明显的纵向裂缝或斜裂缝。

（4）捣制板上周边产生裂缝，或下边产生交叉裂缝。

（5）各种梁、板产生超过跨度1/150的挠度且受拉区的裂缝宽度大于1mm。

（6）各类板的保护层剥落，半数以上主筋外露，锈蚀严重，截面减小。

二、钢筋混凝土结构构件的加固

1. 钢筋混凝土板的加固

微课视频：钢筋混凝土结构构件的加固

（1）在整体现浇混凝土板上增厚补强加固。在整体现浇混凝土板上增厚补强加固的做法主要有以下几种：

1）加大截面加固法：通过增大构件的截面面积，提高构件的承载力和刚度，达到加固的目的。这种方法适用于板、梁、柱、墙等构件的加固。

2）粘贴钢板加固法：用特制的建筑结构胶，将钢板粘贴在钢筋混凝土结构构件的表面，使钢板与混凝土形成整体，共同受力，提高构件的承载力和刚度。这种方法适用于板的加固。

3）碳纤维加固法：采用高强度碳纤维布或碳纤维板，用专门配置的粘贴树脂或浸渍树脂粘贴在混凝土构件的表面，使之与原构件形成整体共同受力，提高构件的承载力和刚度。这种方法适用于板的加固。

（2）在整体现浇混凝土板上做分荷补强加固。在整体现浇混凝土板上做分荷补强加固的做法通常包括以下几个步骤：

1）对原混凝土板进行详细的检测和评估，确定需要加固的区域和范围。

2）在需要加固的区域上方搭设支撑架，以支撑新浇筑混凝土的自重。

3）在支撑架上铺设钢筋网，以确保新浇筑混凝土与原混凝土板形成整体。

4）浇筑新的混凝土，使其与原混凝土板形成整体，并达到设计要求的厚度和强度。

5）在新浇筑混凝土达到一定强度后，拆除支撑架，完成分荷补强加固。

需要注意的是，在进行分荷补强加固时，需要考虑到原混凝土板的承载能力和稳定性，以及新浇筑混凝土的收缩和徐变等因素，以确保加固效果和安全性。

（3）在整体钢筋混凝土板下做整体补强加固。

1）在原混凝土板的跨中增加支撑，以承担新混凝土板没有达到设计强度前的所有荷载，直至新混凝土板达到设计强度后方可拆除支撑。

2）先将原混凝土板凿毛，并凿去板下部受力钢筋的部分保护层，焊上短钢筋；再将新增加的补强钢筋焊在短钢筋上,喷一层细石混凝土补强层,保证补强层与原混凝土板结合牢固形成一个整体。

2. 钢筋混凝土梁的加固

(1) 梁顶增加截面。梁顶增加截面的做法主要包括以下步骤:

1) 将原梁顶部凿毛,并将表面浮渣清理干净。

2) 在梁顶部植入钢筋,以增加梁截面的受力钢筋。

3) 在梁顶部浇筑新的混凝土,以增加梁的截面高度和宽度。

在加固过程中,需要注意植入钢筋的数量和位置,应根据梁的受力情况进行计算和设计。浇筑新的混凝土前,需要将原梁顶部的混凝土表面湿润,以确保新旧混凝土结合良好。浇筑新的混凝土后,需要进行养护,以确保混凝土的强度和稳定性。

(2) 梁的围套加固。梁的围套加固是在梁的三面或四面加做围套,以提高梁的承载力和刚度。具体步骤如下:

1) 在梁的两侧或四周搭设支撑架,以支撑围套自重和施工时的荷载。

2) 在支撑架上铺设钢筋网,将围套的钢筋与梁的钢筋连接起来,形成整体受力。

3) 浇筑围套的混凝土,使其与梁形成整体,并达到设计要求的厚度和强度。

在加固过程中,需要注意围套的尺寸和配筋,应根据梁的受力情况进行计算和设计,以确保加固效果。浇筑围套的混凝土前,需要将梁的表面清理干净,并涂刷界面剂,以确保新旧混凝土结合良好。浇筑围套的混凝土后,需要进行养护,以确保混凝土的强度和稳定性。

3. 钢筋混凝土柱的加固

(1) 钢筋混凝土柱的围套层加固。钢筋混凝土柱的围套层加固是在原有柱体表面增加一层新的混凝土围套,以提高柱的承载能力和稳定性。具体步骤如下:

1) 清理柱体表面。将原有柱体表面的灰泥、油漆等杂物清理干净,并用水清洗干净,以保证新材料能够牢固地附着在柱体表面。

2) 处理裂缝。如果柱体存在裂缝,应先将裂缝打开,清理干净后再进行补强处理。

3) 涂覆胶粘剂。在柱体表面涂覆一层胶粘剂,以便新材料与原有柱体牢固地黏合在一起。

4) 涂覆新材料。在柱体表面涂覆一层新的混凝土材料,形成围套层。涂覆时应注意新材料与原有柱体的黏合,以及新材料的厚度和均匀性。

5) 养护。新材料涂覆完成后,需要进行养护。养护时间一般为 7~14d,以确保新材料充分硬化、强度达到设计要求。

这种加固方法适用于提高柱的承载能力和稳定性,同时也可以增加柱的截面尺寸和延性。

(2) 钢筋混凝土柱的型钢加固。钢筋混凝土柱的型钢加固是采用型钢(如角钢、槽钢等)对柱进行加固的方法。具体步骤如下:

1) 清理柱体表面。将原有柱体表面的杂物清理干净,以便型钢与柱体表面能够牢固地黏合在一起。

2) 型钢制作与安装。根据设计要求制作型钢,并将其安装在柱体表面。安装时应注意型钢的位置、间距及型钢与柱体的连接方式。

3) 焊接与固定。将型钢与柱体表面进行焊接或固定,确保型钢与柱体能够共同受力。

4）养护与检测。型钢安装完成后，需要进行养护和检测，以确保加固效果和安全性。

这种加固方法既能提高柱的承载能力和稳定性，也能增加柱的截面尺寸和延性。型钢加固具有施工简便、加固效果好等优点，因此在工程中得到了广泛应用。

4. 采用高强度建筑结构胶粘剂加固钢筋混凝土梁、板等受弯构件

（1）结构胶粘剂的选择。

1）有较高的黏结抗剪强度。

2）有良好的化学稳定性和抗老化性。

3）有良好的抗疲劳性和抗冲击性。

4）在长期荷载作用下，力学性能不应产生明显下降。

5）在特定条件下，还要求具有耐酸、耐碱、耐有机溶液及耐腐蚀氧化等性能。

6）有较大的温度适用范围。

（2）施工注意事项。

1）配胶过程中切忌有水滴入盛胶的容器中，在加入乙种成分材料前应将盛胶容器放置在通风凉爽处，搅拌时速度不宜太快，防止在加入乙种成分时产生聚气发泡现象，造成胶粘剂失效。

2）胶粘剂配好后，数量较多的，使用时间切忌超过100min；数量较少的，使用时间不宜超过40min。

3）在进行钢板涂胶粘剂时，如发现黏结力不够，甚至涂抹不上时，说明钢板表面处理得不干净，仍有浮灰或油污存在，必须用丙酮擦净已涂胶粘剂，用砂纸打磨后重新涂抹。

4）钢板加压后切不可移动钢板而破坏了黏结力，并要采用稳固的支撑进行固定，切忌碰撞支撑。

学习任务三　砖砌体工程的维修与加固

案例导入2-3

某个砖混结构住宅楼，由于使用年限过长，出现了多处砖砌体裂缝和损坏。为了保证住宅楼的安全使用，需要进行维修与加固。经过现场查勘和检测，制定了以下维修与加固方案：

（1）对于较小的砖砌体裂缝，采用压力灌浆法进行修补，将浆液注入裂缝内，使其闭合并提高砌体的整体性。

（2）对于较大的砖砌体损坏，采用局部拆除重砌的方法进行加固，保证砌体的承载能力和稳定性。

（3）在关键部位增设钢筋混凝土构造柱和圈梁，提高砌体的抗震性能。

经过以上维修与加固措施，该住宅楼的砖砌体工程得到了有效修复和加固，保证了住宅楼的安全使用。

请问：砖砌体工程的维修技术有哪些？

一、砖砌体工程的维修

砖砌体工程是建筑工程中的重要组成部分，具有结构稳定、耐久性好等优点，广泛应用于各种建筑工程中。然而，由于施工不当、材料质量不合格、自然环境等因素的影响，砖砌体工程常常出现各种问题，如裂缝、腐蚀、变形等，需要进行维修。

微课视频：砖砌体工程的维修

1. 裂缝修补技术

砖砌体工程的裂缝是常见的维修问题之一。对于裂缝的修补，需要根据裂缝的宽度和深度进行不同的处理。对于细小的裂缝，可以采用压力灌浆法进行修补；对于较大的裂缝，需要先将破损的砖块拆除，然后用新砖块和砂浆进行填补。在修补过程中，需要注意控制灌浆压力，确保浆液能够充分填充裂缝。

2. 腐蚀修复技术

砖砌体工程受到腐蚀时，需要先将腐蚀部位清理干净，然后使用耐蚀材料进行修复。常用的耐蚀材料包括耐蚀砂浆、耐蚀混凝土等。在修复过程中，需要注意材料的选择和施工工艺，确保修复后的砌体具有足够的强度和稳定性。

3. 变形加固技术

砖砌体工程出现变形时，需要根据变形情况进行加固或拆除重建。加固方法包括增加支撑、加固墙体等；拆除重建则需要根据工程实际情况进行重新设计和施工。在加固过程中，需要注意加固方案的选择和施工工艺，确保加固后的砌体具有足够的承载能力和稳定性。

砖砌体工程的维修是建筑工程中的重要环节，对于提高建筑物的使用寿命和安全性具有重要意义。在实际工程中，需要根据具体情况选择合适的维修方法和材料，确保维修后的砌体具有足够的强度和稳定性。

二、房屋砌体的加固

1. 房屋砌体的结构鉴定与判断

（1）砌砖墙体。

1）墙体产生裂缝长度超过层高的 1/2、缝宽大于 2cm 的竖向裂缝或产生的裂缝长度超过层高 1/3 的多条裂缝。

2）梁支座下的墙体产生明显的竖向裂缝。

3）门窗洞口或窗间墙体产生明显的交叉裂缝或竖向裂缝、水平裂缝。

4）墙体产生倾斜，其倾斜量超过层高 1.5/100（三层以上，超过总高的 0.7/100）或相临墙体连接处断裂成通缝。

5）风化、剥落、砂浆粉化导致墙面及有效截面削弱达 1/4。

（2）砖柱。

1）柱身产生水平裂缝或竖向贯通裂缝，产生的裂缝长度超过柱高的 1/3。

2）梁支座下的柱体产生多条竖向裂缝。

3）柱体产生倾斜，其倾斜量超过层高 1.2/100（三层以上，超过总高的 0.5/100）。

4）风化、剥落、砂浆粉化导致有效截面削弱达 1/5。

2. 砌体的结构加固

（1）墙、柱强度不足的加固。

1）使用钢筋混凝土加固方案。

①增加钢筋混凝土套层。在砖柱或砖壁柱的一侧或几侧用钢筋混凝土扩大原构件截面（钢筋混凝土套层）。为了加强新增加的钢筋混凝土与原砖砌体的联系，原砌体每隔1m高左右加设一横向销键，各面的销键要交错设置。钢筋混凝土套层除了直接参与承载，还可以阻止原有砌体在竖向荷载作用下发生侧向变形，从而提高原有砌体的承载能力。

②增设钢筋混凝土扶壁柱。在砖墙的单侧或双侧增设钢筋混凝土扶壁柱。根据验算的刚度要求进行扶壁柱截面的选择和扶壁柱间距的确定，由于增大了砖墙截面，因此可以使砖体承受较大的荷载，同时对墙体的刚度和稳定性的不足也有明显的补强作用。

③用钢筋混凝土扩大原扶壁柱的截面。用钢筋混凝土加固原扶壁柱时，通常采用三面增加截面的形式。为了使加固的钢筋混凝土与原砌体结合牢固共同工作，要设置间距600～800mm的横向拉结钢筋。加固混凝土的厚度及配筋，应通过刚度计算确定，但要求厚度不小于80mm，纵向配筋采用$\phi 10 \sim 12$mm，间距100mm，横向钢筋采用$\phi 6 \sim 8$mm，间距150～200mm。为了确保新旧构件的牢固结合，保证加固质量，施工时应先浇水保证柱面湿润。同时混凝土的坍落度应稍大，一般以7～9cm为宜。

2）用新砌体增大墙、柱截面进行加固。用新砌体增大墙、柱截面进行加固是一种常见的加固技术，适用于砖墙或砖柱的承载力不足的情况。具体步骤如下：

①清理墙面。将需要加固的墙面清理干净，去除松动的砖块和灰缝。

②制备砂浆。根据要求制备适当强度和配合比的砂浆。

③砌筑新砌体。在原有墙、柱的一侧或两侧，用新砌体进行加固。新砌体的材料应与原有墙、柱相同，并应保证新砌体与原有墙、柱的可靠连接。

④养护。新砌体砌筑完成后，需要进行适当的养护，以确保砂浆的强度和稳定性。

需要注意的是，用新砌体增大墙、柱截面进行加固的方法会增加建筑物的自重，对地基基础的要求较高，因此在进行加固前需要进行详细的设计和计算，确保加固效果和建筑物的安全性。

3）用配筋喷浆层或配筋抹灰层进行加固。用配筋喷浆层或配筋抹灰层进行加固是一种常用的加固技术，适用于砖墙或砖柱的承载力不足或稳定性较差的情况。具体步骤如下：

①清理墙面。将需要加固的墙面清理干净，去除松动的砖块和灰缝，并修复墙面的缺陷。

②钻孔植筋。在墙面上钻孔，植入钢筋或钢绞线，以增加墙体的拉结力和整体性。

③制备砂浆。根据要求制备适当强度和配合比的砂浆。

④喷浆或抹灰。在墙面上喷涂或涂抹砂浆，同时铺设钢筋网或钢丝网，以增加墙体的强度和稳定性。

⑤养护。喷浆或抹灰完成后，需要进行适当的养护，以确保砂浆的强度和稳定性。

用配筋喷浆层或配筋抹灰层进行加固可以有效地提高砖墙或砖柱的承载力和稳定性，同时增加了墙体的抗震性能。在进行加固时，需要注意施工质量和安全，确保加固效果和建筑物的安全性。

4）用型钢加固砌体柱。用型钢加固砌体柱是一种有效的加固技术，适用于砌体柱承载力不足或稳定性较差的情况。具体步骤如下：

①清理柱表面。将需要加固的砌体柱表面清理干净，去除松动的砖块和灰缝。

②包裹型钢。用型钢（如角钢、槽钢等）包裹在砌体柱的外侧，用螺栓或焊接等方式进行固定。

③灌浆。在型钢与砌体柱之间的空隙中灌入高强灌浆料，使型钢与砌体柱紧密结合，形成一个整体。

④养护。灌浆完成后，需要进行适当的养护，以确保灌浆料的强度和稳定性。

（2）墙、柱稳定性不足的加固。

1）施工前需要进行详细的查勘和设计，确定加固方案和施工方法。

2）施工过程中需要注意保护原有结构，避免对原有结构造成损坏或影响。

3）加固材料需要选择质量可靠、性能稳定的材料，确保加固效果和耐久性。

4）施工过程中需要注意施工质量和安全，遵守相关施工规范和安全操作规程。

5）加固完成后需要进行适当的养护和检测，确保加固效果和建筑物的安全性。

总之，砌体墙、砌体柱稳定性不足的加固施工需要注重细节和质量控制，确保加固效果和建筑物的安全性。

实训任务　房屋主体结构现状调查

一、实训目的

通过本次实训，了解所在地某一物业小区房屋的主体结构现状，探究需要加固维修的原因，并提出相应的加固维修方法。旨在提高我们对建筑结构知识的实际应用能力，培养我们发现问题、分析问题和解决问题的能力，为将来从事建筑行业相关工作打下坚实的基础。

二、实训要求

（1）收集和分析物业小区房屋的相关资料，包括施工图样、施工记录、检测报告等，了解房屋的主体结构现状。

（2）进行现场查勘，观察房屋的外观和内部结构，检查是否存在损伤、变形等情况，记录相关数据。

（3）根据收集到的资料和现场查勘结果，分析需要加固维修的原因，如材料老化、施工质量问题、设计缺陷、使用环境变化等。

（4）根据分析结果，提出相应的加固维修方法，如加大截面法、外包钢法、预应力加固法等，并对各种方法进行比较和优化。制订详细的加固维修施工计划，包括施工流程、时间安排、安全措施等。

三、实训步骤

（1）收集物业小区房屋的相关资料，如施工图样、施工记录、检测报告等。

（2）进行现场查勘，了解房屋的实际状况，如外观、内部结构、损伤情况等。

（3）对调查结果进行分析，找出需要加固维修的原因。

（4）根据分析结果，提出相应的加固维修方法，并进行方案比较和优化。

(5) 制订加固维修施工计划，并组织实施。

四、实训时间
4 学时。

五、实训考核
（1）实训报告。根据实训要求，撰写一份关于物业小区房屋主体结构现状及需要加固维修的原因和方法的实训报告。报告应包括以下内容：实训目的、实训步骤、主体结构现状调查结果、需要加固维修的原因分析、提出的加固维修方法及其比较和优化、施工计划等。

（2）现场查勘能力。考核学生对物业小区房屋现场查勘的能力，包括对房屋外观、内部结构的观察和分析，对损伤、变形等情况的识别和记录等。

（3）原因分析和方案制定能力。考核学生对需要加固维修原因的分析能力和提出加固维修方案的能力，包括对各种原因的识别和判断，提出的加固维修方法的合理性和可行性等。

（4）施工计划制订能力。考核学生制订加固维修施工计划的能力，包括施工流程、时间安排、安全措施等的合理性和可行性。

实训考核的方式可能包括口头报告、书面报告、现场操作等。具体考核方式应根据实训内容和要求来确定。

项目小结

（1）房屋主体结构的加固与维修是确保建筑物安全、稳定和延长使用寿命的重要措施。

（2）房屋主体结构加固与维修的基本原理包括增加结构构件的承载能力、提高结构的整体稳定性和增强结构的延性。通过加固和维修，可以改善结构的受力状态，提高结构的抗震性能和耐久性。

（3）常用的房屋主体结构加固与维修方法包括加大截面法、外包钢法、预应力加固法、碳纤维加固法等。这些方法各有优缺点，应根据具体情况选择合适的加固方法。

（4）在进行房屋主体结构加固与维修时，需要注意以下施工要点：施工前应进行详细的查勘和设计，确保加固方案的合理性和可行性；施工过程中应遵守相关施工规范和安全操作规程，确保施工质量和安全；加固完成后应进行适当的养护和检测，确保加固效果和建筑物的安全性。

综合训练题

一、单项选择题（25×2=50 分）

1. 房屋基础的损坏主要表现在（　　）。
   A. 屋面漏水　　　　　　　　　　B. 地基因承载力不足而失稳
   C. 地下室隔墙开裂　　　　　　　D. 地下室漏水

2. 下列不是基础损坏主要原因的是（　　）。

A. 地基软弱　　　　　　　　　　B. 基础埋设深度不当
C. 地表水渗入地基　　　　　　　D. 三伏高温

3. 如果上部结构的使用荷载大幅度超过设计荷载，或者在基础附近的地表面大量堆载，就会使地基的附加应力相应增大，从而产生（　　）。
A. 加速沉降　　B. 地基隆起　　C. 地基升温　　D. 附加沉降

4. 由于超载和堆载的（　　），附加沉降往往是不均匀的，有的还会造成地基基础向一侧倾斜。
A. 平铺　　　　B. 不均匀性　　C. 附加应力　　D. 材料性质

5. 为防止对地基基础不利的超载现象发生，应对日常使用情况进行的工作是（　　）。
A. 技术监督　　B. 见证取样　　C. 平行检验　　D. 工程例会

6. 勒脚破损或严重腐蚀剥落，将会使雨水沿墙面浸入（　　）。
A. 散水　　　　B. 檐沟　　　　C. 基础　　　　D. 天沟

7. 勒脚破损或严重腐蚀剥落应及时（　　）。
A. 切除　　　　B. 破坏干净　　C. 洒水　　　　D. 修复

8. 对有耐腐蚀要求的勒脚，应采用（　　）材料。
A. 耐高温　　　B. 防水　　　　C. 耐蚀　　　　D. 抗剪切

9. 房屋基础的损坏形式主要表现：地基因（　　）不足而失稳，地基因发生过大变形和不均匀变形而导致基础损坏。
A. 承载力　　　B. 温度　　　　C. 地下渗水　　D. 热量

10. 如果上部结构的使用荷载大幅度超过设计荷载，就会使地基的（　　）相应增大。
A. 水平荷载　　B. 线荷载　　　C. 剪力　　　　D. 附加应力

11. 由于超载和堆载的不均匀性，附加沉降往往是（　　）。
A. 不均匀　　　B. 均匀　　　　C. 时而均匀　　D. 没有变化

12. （　　）破损或严重腐蚀剥落，将会使雨水沿墙面浸入基础。
A. 散水　　　　B. 勒脚　　　　C. 檐沟　　　　D. 水箅子

13. 在季节性冻土地区，要做好基础的保温工作。按采暖设计的房屋，冬季使用时不宜（　　）采暖。
A. 间断　　　　B. 连续　　　　C. 提供　　　　D. 作息时间

14. 房屋基础由于承载力严重不足或由于其他特殊地质原因导致不均匀沉降，引起房屋明显倾斜，发生（　　）向位移。
A. 竖　　　　　B. 横　　　　　C. 斜　　　　　D. 逆

15. 混凝土浇筑前，要对与原基础连接部位进行（　　）。
A. 冲洗、凿毛　B. 加热处理　　C. 降温处理　　D. 打磨平整

16. 条形基础的两侧扩大加固与维修，首先按钢筋混凝土基础设计规范进行（　　）计算，以确定应增大基础的底边尺寸、高度及配筋。
A. 抗剪　　　　B. 抗弯　　　　C. 抗扭　　　　D. 抗压

17. 新基础的顶面应与原基础大放脚（　　），并在室外地面以下。
A. 不超过 45°夹角　　　　　　　B. 超过 45°夹角
C. 重合　　　　　　　　　　　　D. 平行

18. 当地基土质由于某种原因造成承载力不够时，可根据土质的具体情况采取化学法或（　　）对地基土质进行加固。
　　A. 旋喷法　　　　B. 振捣法　　　　C. 加热法　　　　D. 夯实法
19. 砖砌体工程，在结构强度稳定性能够保证的条件下，根据房屋的使用要求、美观要求和耐久性要求，可对砖砌体工程进行（　　）程度的维修。
　　A. 轻微　　　　B. 一般　　　　C. 重大　　　　D. 特别
20. 砌体裂缝的维修应在结构（　　）、裂缝不再发展时进行，避免维修后再产生裂缝。
　　A. 不均匀沉降已经稳定　　　　B. 不均匀沉降发生前
　　C. 不均匀沉降已经发生　　　　D. 不均匀沉降已经停止
21. 砌体常用维修措施有填缝、抹灰、喷浆、择砌和（　　）等。
　　A. 冷冻　　　　B. 加热　　　　C. 压力灌浆　　　　D. 夯实基础
22. 砌体维修，构造柱混凝土如果选择胶粘剂维修的。胶粘剂配好后，数量较多的情况下，使用时间切忌超过（　　）min。
　　A. 50　　　　B. 100　　　　C. 150　　　　D. 180
23. 砌体维修，如表面保护性抹灰层损坏、砌体材料表面破坏、腐蚀、尚未威胁安全的非受力性沉降裂缝和（　　）的处理等，可做一般性处理。
　　A. 温度裂缝　　　　B. 砌体塌陷　　　　C. 荷载过大　　　　D. 砂浆脱落
24. 砌砖墙体的墙体产生裂缝长度超过层高的（　　），需做加固处理。
　　A. 1/2　　　　B. 1/3　　　　C. 1/4　　　　D. 1/5
25. 砖砌体缝宽大于2cm的竖向裂缝或产生的裂缝长度超过层高（　　）的多条裂缝，需做加固处理。
　　A. 1/2　　　　B. 1/3　　　　C. 1/4　　　　D. 1/5

二、多选题（10×2＝20分）

1. 房屋基础的损坏形式主要表现在（　　）。
　　A. 地基因承载力不足而失稳　　　　B. 被地下水打湿
　　C. 基础的强度不够　　　　D. 基础的刚度不够
2. 房屋基础的损坏都将引起建筑物出现不同程度的（　　）现象。
　　A. 倾斜　　　　B. 开裂　　　　C. 扭曲　　　　D. 失温
3. 房屋基础产生水平方向的滑移，房屋基础由于承载力严重不足或由于其他特殊地质原因导致不均匀沉降，引起房屋（　　）等，并有继续发展的趋势，应立即进行房屋基础加固与维修。
　　A. 明显倾斜　　　　B. 节能破坏　　　　C. 饰面砖脱落　　　　D. 发生横向位移
4. 地基土的旋喷加固是利用旋喷机具制作旋喷桩来提高地基承载力的，也称为旋喷注浆法。这种方法适用于处理（　　）等地基。
　　A. 腐烂土　　　　B. 冻土　　　　C. 人工填土　　　　D. 砂土
5. 加大截面加固法是通过增大构件的截面面积，提高构件的（　　），达到加固的目的。
　　A. 剪力　　　　B. 承载力　　　　C. 刚度　　　　D. 压力
6. 在进行分荷补强加固时，需要考虑的因素有（　　）。

    A. 承载能力   B. 稳定性   C. 湿度   D. 徐变

7. 砖砌体工程受到腐蚀时，需要先将腐蚀部位清理干净，然后使用耐腐蚀材料进行修复。常用的耐腐蚀材料包括（　　　）等。

    A. 防水砂浆   B. 早强剂   C. 耐腐蚀砂浆   D. 耐腐蚀混凝土

8. 钢筋混凝土梁围套加固的做法有（　　　）。

    A. 在梁的三面加做围套   B. 在梁的四面加做围套

    C. 在梁的两面加做围套   D. 在梁的单面加做围套

9. 浇筑围套的混凝土前，需要做的工序有（　　　）。

    A. 将梁的表面清理干净   B. 涂刷界面剂

    C. 人工填土   D. 确保新旧混凝土的结合良好

10. 膨胀土地区地基基础的防护要求有（　　　）。

    A. 选择好种植部位   B. 做好宽散水

    C. 选择好树的种类   D. 定期修剪

三、简答题（5×4＝20分）

1. 钢筋混凝土柱的围套加固是在原有柱体表面增加一层新的混凝土围套，以提高柱的承载能力和稳定性。具体步骤有哪些？

2. 房屋基础的损坏形式主要表现有哪些？

3. 什么是旋喷法加固？

4. 钢筋混凝土柱型钢加固的具体步骤是怎样的？

5. 砖砌体工程的维修技术有哪些？

四、案例分析题（1×10＝10分）

    某市一栋20层高的商业大楼，由于长期受当地气候条件和自然环境的影响，加上建筑物本身存在设计缺陷和施工质量问题，导致该大楼的主体结构出现严重的损坏和老化。为了确保大楼的安全使用，需要对主体结构进行加固和维修。

    在进行加固和维修之前，相关部门对大楼的主体结构进行了检测和评估。在检测和评估过程中，发现该建筑钢筋混凝土框架结构存在裂缝和损伤，钢结构构件存在锈蚀和变形，建筑物的地基存在不均匀沉降问题。因此，在加固和维修过程中，需要注意施工安全和环境保护。在完成加固和维修工作后，还需要对建筑物进行验收和评估。

    请问：1. 针对商业大楼的钢筋混凝土框架结构存在的问题，应该如何进行维修？（5分）

            2. 在加固和维修过程中，应采取什么措施确保施工安全？（5分）

项目三　防水工程的维修

学习目标

(1) 了解防水构造、材料和方法的基本知识，防水工程的验收流程和方法。
(2) 掌握防水工程的基本概念和原理，防水工程的维修方法和技能，包括但不限于防水材料的选用、施工工艺的确定、维修步骤的执行等。
(3) 熟悉防水工程的质量控制标准，识别和评估不同类型的防水问题，如渗漏、腐蚀、损伤等。

能力目标

(1) 能够准确诊断防水问题，并选择合适的维修方法和材料。
(2) 能够熟练地执行防水工程的维修步骤，保证维修质量和效果。

素质目标

(1) 遵守质量控制标准和安全规范，确保维修过程的安全和质量。
(2) 具备良好的沟通能力和服务意识，能够与客户进行有效的沟通，了解客户需求并提供满意的维修服务。
(3) 能够不断学习和掌握新的防水工程维修技术和知识，适应不断变化的市场需求；与团队成员协作完成任务，共同解决问题，提高工作效率和质量。

学习任务一　柔性防水屋面的维修

案例导入 3-1

某小区住宅楼屋面存在渗漏现象，直接影响住户房间的使用功能。渗漏的原因主要包括卷材老化、女儿墙顶部无防水层、墙面固定件较多、屋面开裂等。为了解决这个问题，需要进行整体的防水维修。在维修过程中，采用了精细化施工看板管理，制作了包含施工图样及清单、施工单位四大员、开工前现场交底、工程进度计划等内容的看板。同时，进行动火作业时，必须准备动火作业审批表及相关作业人员资质资料，经甲方工程师审批后再开工。通过这些措施，最终实现了柔性防水屋面的维修和整体防水维修的目标。

请问：柔性防水屋面发生渗漏的原因有哪些？

一、柔性防水屋面的渗漏

1. 柔性防水屋面的渗漏检查

微课视频：柔性防水屋面的渗漏原因

当屋面已接近设计耐久年限或已明显出现一些弊病时，应对屋面防水层做部分或全面的检查，并做出评价。屋面防水层检查的内容包括屋面经历的年数、是否有渗漏现象及渗漏的原因分析、屋面维修的记录、屋面的老化现象及破损程度等。根据检查结果制定维修方案，编制屋面维修计划与维修工程预算。柔性防水屋面的渗漏检查内容如下：

（1）防水层是否有裂缝皱褶、表面龟裂、老化变色褪色、表面磨耗、空鼓等现象，屋面排水坡度是否合理，屋面是否有存水现象。

（2）防水层收头部位密封膏是否有龟裂、断离的现象，卷材是否有开口、开边，固定件松弛等现象，尤其天沟部位的防水层收头是否有渗漏现象或做法不当等。

（3）屋面保护层是否有开裂、粉化变质，以及是否有冻坏破损、植物繁生、土砂堆积等现象，保护层中分格缝位置处嵌缝材料是否有剥离开裂、老化变质及杂草丛生等现象。

（4）泛水部位的防水层是否脱落、开裂，白铁皮是否有老化、腐烂现象，泛水高度是否满足要求。

（5）女儿墙防水层压顶部位是否有龟裂、缺损、冻坏等现象，铁皮压顶是否已变形或不密贴、有裂缝、生锈、腐烂，滴水是否完好，收头情况是否良好等。

（6）落水口处是否有破损现象，铁件是否生锈，落水斗出口处是否有封堵、砂土堆积、排水不畅等现象。

（7）山墙、女儿墙转角处是否做成圆角或钝角，防水层是否有开裂、老化、腐烂等现象。

（8）瓦屋面的脊瓦与脊瓦或脊瓦两面坡瓦是否存在搭接不够或未搭接上、檐头瓦出檐太短而造成倒返水现象，是否存在半瓦或斜瓦加工不整齐或有断裂现象，是否存在使用了有砂眼、裂缝、翘斜等不合格瓦片，个别瓦片被破坏或冻坏。

2. 柔性防水屋面的日常管理

（1）柔性防水屋面使用期间的定期检查。

1）柔性屋面在使用期间需要指定专人负责管理，并定期进行检查。这样可以及时发现和解决柔性屋面存在的问题，延长柔性屋面的使用寿命，确保建筑物的安全和舒适。

2）负责管理柔性屋面的人员应该具备相应的专业知识和技能，能够正确地维护和管理柔性屋面。他们既需要定期检查柔性屋面的防水层、排水系统、保温层等关键部位，及时发现和修复问题，还需要关注天气变化和自然灾害对柔性屋面的影响，采取相应的防护措施。

3）在定期检查方面可以制定相应的制度，如每季度或每半年进行一次全面的检查，并做好记录。检查的内容可以包括柔性屋面的防水层、排水系统、保温层等关键部位的情况，以及相关设备的运行状态。对于发现的问题，需要及时采取措施进行修复和改进。

通过专人管理和定期检查制度，可以有效地维护柔性屋面的使用效果和使用寿命，确保建筑物的安全和舒适。

（2）非上人屋面的管理。

1）物业管理部门：负责监督和协调屋面管理事宜，确保非上人屋面管理制度的执行。

2）安全管理部门：负责制定安全措施，确保屋面活动的安全。

3）相关部门：负责按照非上人屋面管理制度执行屋面活动的审批和管理。

4）任何非工作人员不得擅自进入屋面，必须经过相关部门的批准，并由专业人员陪同下方可进入。

5）屋面活动必须按照规定的时间和路线进行，不得随意更改。

6）在屋面上行走或工作时，必须穿好安全鞋，佩戴安全帽等防护设备。

7）不得在屋面上丢弃垃圾或废弃物，保持屋面清洁卫生。

8）如需在屋面上安装或维修设备，必须提前向相关部门申请，并按照规定做好安全措施。

9）在屋面活动时，必须遵守相关的安全规定和操作规程，确保人身和财产安全。

（3）屋面作业实施程序。需要在屋面上架设各种设施或管线时，事前需经房产管理人员同意，做好记录，并且必须保证不影响屋面排水和防水层的完整时才能够实施。

（4）春季解冻后的屋面管理。每年春季解冻后，应彻底清扫屋面，清除屋面及落水管处的积灰、杂草、杂物等，使雨水管排水保持通畅。

（5）屋面的常规检查制度。对屋面的检查一般每季度进行一次，并且在春季解冻后、雨季来临前、第一次大雨后、入冬结冻前等关键时期对屋面防水状况进行一次全面的检查。

二、卷材类防水屋面的维修

微课视频：卷材类防水屋面的维修

1. 卷材类防水屋面常见弊病及原因分析

卷材类防水屋面是用胶粘材料把防水卷材逐层黏合在一起，构成屋面防水层。卷材类防水层屋面发生渗漏的主要问题是防水层出现裂缝（开裂）、流淌、鼓泡、老化或构造节点处理不当等。但只要设计合理、施工规范、维修及时，防水层还是能够取得良好的防水效果的。

（1）裂缝（开裂）。

1）屋面产生有规则裂缝的主要原因是温度的变化导致屋面板产生胀缩，造成对上部卷材层的拉裂；卷材的质量较差，过早老化降低了卷材的韧性和延伸度，从而产生裂缝。

2）屋面产生无规则裂缝的主要原因：防水卷材铺设时搭接太小，在卷材收缩后接头开裂、翘起，产生裂缝；基层水泥砂浆找平层分格不当产生的裂缝，也会造成上部卷材防水层产生裂缝。

（2）流淌。造成卷材类屋面流淌现象的原因有：

1）胶粘材料耐热度偏低。

2）胶粘材料黏结层过厚。卷材类防水屋顶较能适应温度变化、振动、不均匀沉陷等因素的影响，整体性好，不易渗漏，但施工操作较为复杂，技术要求较高。

3）屋面坡度过陡，采用平行屋脊铺贴卷材，或采用垂直屋脊铺贴卷材，在半坡进行短边搭接。

（3）起鼓（鼓泡）。屋面卷材起鼓的原因：在卷材类防水层中黏结不实的部位封存了水分和气体，在太阳照射或人工热源影响下，其体积膨胀，造成起鼓。

2. 卷材类防水屋面常见弊病的维修

（1）裂缝（开裂）渗漏的维修方法。

1）干铺卷材层做延伸层。

2）用油膏或胶泥修补裂缝。

3）用再生橡胶卷材层、沥青无纺布或玻璃丝布贴补裂缝。

4）对于不规则的屋面裂缝区域，应该采取对整块（整体）区域进行维修的方法。

（2）流淌的维修方法。

1）切割法。该方法是一种用于处理沥青卷材防水材料与结合层剥离的维修方法。该方法主要是在较小的屋面范围内，先切开防水层，使其干燥，待其干燥后再涂刷胶粘剂重新粘贴。在切缝处粘贴300mm宽的卷材条。

2）局部切除重铺法。该方法是一种处理沥青卷材防水层流淌问题的维修方法。该方法首先切除流淌部位，清理干净后，再按相关规范要求铺贴卷材。具体步骤如下：

①在流淌的范围内铺设卷材，使流淌部分包裹在卷材内。

②切除流淌部位，并清理切除部位下面的基层。

③在切除部位下面的基层上重新铺设卷材，并按相关规范要求进行热熔封边。

④在铺贴完的卷材上面再铺设一层卷材，用压条固定牢固。

3）钉钉子法。该方法是一种用于解决沥青防水卷材流淌问题的维修方法。该方法通过在屋面上钉入一些钉子，将卷材固定在钉子上，防止其流淌。具体步骤如下：

①在屋面上选择合适的部位，确定需要钉入的钉子数量和位置。

②用电钻在屋面上打孔，然后将钉子钉入孔中。

③将卷材展开，并将其固定在钉子上。

④用热熔胶或密封胶将卷材与钉子之间的缝隙密封，确保卷材不会脱落。

⑤对维修部位进行仔细检查，确保没有漏水或渗漏情况。

4）全铲重铺法。

（3）起鼓的维修方法。

1）抽气灌油法。卷材防水起鼓后，可以采用抽气灌油法消除鼓包。该方法是在鼓包内插入两个有孔眼的针管，一边抽气一边将热沥青注入，注满后抽出针管压平卷材，将针眼涂上沥青封闭。该方法仅适用于1~80mm以下的鼓包。

2）十字开刀法。如果鼓包大于100mm，建议采用十字开刀法。首先，对角将鼓包内水分挤出，加热油毡层，将开刀部位的油毡层掀起，并将两层油毡分层剥离，刮去两面所粘沥青，再用粗砂皮搓成毛面。然后，将开刀范围内板面沥青除净，水珠抹掉，板面吹干。最后，先涂一道冷底子油，再将一块200mm左右的油毡镶入，四边及覆盖层高起部分用铁熨斗压平，再在上面涂一层沥青胶粘材料，上面撒绿豆砂。

3）大开刀法。如果鼓包更大，如400~500mm的鼓包，那么需要采用大开刀法。首先将鼓包的各层油毡切除，再铺贴新油毡层，新老油毡层四周搭接不小于50mm。如果整个屋面起鼓，空腹面积较大时，则需要将卷材层全部铲除翻新，重做防水层。

三、涂料（涂膜）防水屋面的维修

1. 涂料（涂膜）防水屋面的维修

微课视频：涂料防水屋面的维修

涂料（涂膜）防水屋面的渗漏现象与卷材类防水屋面的基本相同。防水涂料有良好的温度适应性，操作简便、健康环保，易于维修与维护，所以一经问世便受到广大消费者和用户的喜爱，成为替代沥青、卷材等作为家装防水的第一选择。因为防水涂料经固化后可以形成一层防水涂膜，具有一定的延伸性、弹塑性、抗裂性、抗渗性及耐候性，能起到防水、防渗和保护作用。

但是，在实际的施工操作过程中，往往会出现各种防水失败的情况，如防水涂膜干涸后或干涸过程中出现裂缝。防水涂膜出现了裂缝，自然就不能起到防水的效果。

2. 涂膜防水裂缝产生的主要原因

涂膜防水裂缝产生的主要原因有混凝土基层本身存在开裂问题，防水涂膜一次涂刷太厚。

（1）基层本身存在开裂问题。混凝土基层存在裂缝未进行修补处理，不管是选用灰浆类刚性材料还是柔性防水涂料，都无法抵抗基层裂纹变形而出现开裂。所以，想要避免防水涂膜开裂，第一个要保障的就是基层坚固、不开裂。当基层存在裂缝且宽度大于0.4mm时，应当铲除后重新进行找平处理或采用堵漏材料进行修补，然后采用柔性防水涂料进行涂刷，并内衬无纺布等胎体增强材料进行加固。

（2）防水涂膜一次涂刷太厚。如果涂料一次涂刷过厚，或者在涂刷过程中涂料向下流淌造成涂膜过厚，都会有开裂的危险。由于涂膜局部区域较厚，特别是在阴角涂刷过厚的防水涂料，干燥过程中，涂膜局部固化不均匀，表面水分挥发较快，里层的涂料水分挥发较慢，导致涂膜内外层收缩不一致，引起涂膜开裂。

四、屋面构造节点的维修

1. 屋面构造节点渗漏的维修

微课视频：屋面构造节点的维修

（1）天沟、檐沟、泛水部位卷材开裂时，应先清除破损卷材及胶粘材料，在裂缝内嵌填密封材料，然后在裂缝上部铺设卷材附加层或带有胎体增强材料的涂膜附加层，面层贴盖的卷材应封口严密。

（2）女儿墙、山墙等高出屋面结构与屋面的连接处卷材开裂时，应先将裂缝处清理干净，在裂缝内嵌填密封材料，然后在裂缝上部铺贴卷材或铺设带有胎体增强材料的涂膜防水层并压入立面卷材下面，将搭接缝处封口严密。

（3）砖墙泛水处发生收头卷材张口、脱落时，应先清除原有的胶粘材料及密封材料，然后重新贴实卷材，卷材收头压入凹槽内固定，上部覆盖一层卷材并将卷材收头压入凹槽内固定。

（4）压顶处砂浆开裂、剥落时，应先将破损砂浆面层剔除，再用1:2.5水泥砂浆或用C20细石混凝土抹平，最后重做防水处理。

2. 屋面落水口处防水构造的渗漏维修

（1）落水口处上部墙体卷材收头处张口、脱落时，应先将卷材收头端部裁齐，用压条将其钉压固定，再用密封材料封口严密。

（2）落水口与基层接触处出现渗漏，应先将接触处凹槽清除干净，重新嵌填密封材料，然后在其上面增铺一层卷材或铺设带有胎体增强材料的涂膜防水层，并将原防水层卷材覆盖封口严密。

（3）伸出屋面的管道根部发生渗漏时，应先将管道周围的卷材、胶粘材料及密封材料清除干净，再将管道与找平层间剔成凹槽，并修整找平层。

学习任务二 刚性防水屋面的维修

案例导入 3-2

一座历史悠久的建筑物，拥有重要的文化和历史价值。然而，由于多年的使用和自然环境的侵蚀，某历史建筑物的刚性防水屋面出现了多处损坏和渗漏，严重影响了其保护和维修工作。为了解决这些问题，建筑物管理者决定对该建筑物进行一次全面的防水维修。

1. 防水材料的识别与选择

在开始维修之前，需要了解当前防水材料的种类和性能。通过现场调查和材料样本的分析，确定主要的防水材料类型，如防水卷材、防水涂料等。根据这些材料的特性和耐久性，可以制定相应的维修方案。

2. 维修工艺与操作流程

针对不同的损坏情况，需要采取不同的维修工艺。在施工过程中，需要注意施工细节，如保证卷材搭接的严密性、涂料的均匀涂刷等。此外，需要制定详细的操作流程，包括施工前的准备工作、施工过程中的操作步骤及施工后的验收工作等。

3. 质量检测与验收

完成维修后，需要进行质量检测和验收。通过观察、使用专业的检测仪器，以及对维修部分进行淋水试验等方法，确认维修是否达到预期效果。如果发现任何问题，需要及时进行整改和返工。

4. 维护与保养

为了避免再次出现渗漏问题，需要关注屋顶的日常维护和保养。例如，定期检查屋顶的防水材料是否有损坏或老化现象；定期清理屋顶的杂物和落叶等；在极端天气条件下，如大风、暴风雨等，需要加强巡查，确保防水材料的完整性。

请问刚性防水屋面的维修方法是什么？

一、刚性防水屋面渗漏的原因

细石混凝土防水层伸缩性小，对于地基不均匀沉降、构件的微小变形、房屋受震动和温差等极为敏感，加之节点构造处理的不合理和施工质量等问题，极易引起刚性屋面开裂渗漏。

1. 内在原因

混凝土是一种人造石材，其抗压强度较高，而抗拉强度很低，受拉时易出

微课视频：刚性防水屋面的渗漏原因

现裂缝。

（1）温差引起的变形裂缝。屋面板在使用过程中，自然界的大气温度、太阳辐射、风、雨、雾及室内热源作用等，引起混凝土热胀冷缩，从而产生温度裂缝。

（2）结构变形引起的裂缝。建筑物在长期使用中，地基的不均匀沉降、结构支座的转动角度、不同建筑材料的徐变及频繁振动等都能引起结构裂缝。

（3）施工裂缝。施工时混凝土振捣不实，面层压光不好，以及早期脱水、后期养护不当等，都会产生施工裂缝。混凝土是一种非均质材质，在板内布有大小不同的微细孔隙，一般可分为施工孔隙和构造孔隙两类，它们同样可引起渗漏。

2. 外在原因

（1）自然环境的侵蚀。如降雨、风力、温差等自然因素，会对屋面造成一定的破坏，导致屋面渗漏。

（2）排水系统问题。如果屋面的排水系统不完善或者失效，会导致屋面积水无法及时排出，从而引起渗漏。

（3）施工质量问题。如果施工过程中的质量控制不严格，或者使用了质量不合格的材料，可能会导致屋面渗漏。

（4）建筑沉降。如果建筑物存在不均匀沉降，可能会导致屋面开裂，进而引起渗漏。

（5）外力破坏。人为因素如在屋面上堆载、施工不当等，都可能对屋面造成破坏，导致渗漏。

这些因素都可能引发刚性屋面渗漏的问题，因此需要针对具体情况进行分析和处理。

二、刚性防水屋面防水的影响因素以及管理措施

1. 刚性防水屋面防水设计因素与质量控制措施

（1）屋面防水总体原则设计因素。屋面防水设计应根据屋面防水等级来确定防水标准，确定几道设防、构造要求，应根据"防排结合、刚柔相济、多道防线、共同作用"的原则，重视排水设计、防水层厚度、防水材料的选择，找平层和屋面细部节点设计。防水设计方案不当极易引起屋面渗漏。

（2）屋面防水等级设计因素。建筑等级要求防水等级与之匹配，防水等级设计必须符合这一要求。不同功能的建筑，对防水等级的要求也有特殊性，防水等级设计必须满足建筑功能的需要。

（3）当地自然条件因素。我国地域辽阔，南北温差悬殊，北方少雨干旱，南方多雨湿润。做防水设计，必须选择与当地气候条件相适应的材料、设防方案及其细部构造。北方多考虑保温，南方要求隔热。

（4）二道设防选材设计因素。鉴于材料的特性和渗漏的教训，单一材料单层作法可靠性差，采用复合作法，充分发挥不同材料的特性，互补增强，避其弱点，如卷材与涂料复合、涂料与刚性复合、瓦材与卷材并用等，复合防水效果较佳。

（5）排水设计因素。雨后屋面积水一片，数日不干，又逢大雨一场，防水层长时间浸泡在积水中，将加速老化或开胶。因此，加强屋面排水是非常重要的。适当增加坡度，使其排水通畅，屋面和檐沟雨过无水，是防止渗漏的一项重要条件。

（6）施工操作和维修因素。考虑到施工操作的便利性和维修的可行性，设计时应合理安排屋面的排水系统和防水材料的选用。同时，应确保施工质量的可控性，避免因操作不当或施工质量问题导致的渗漏。

（7）建筑使用功能设计因素。不同功能的建筑对防水有不同的需求。例如，商业建筑需要具备较高的防水性能和耐久性，住宅建筑则更注重隔热、保温等性能。因此，设计时应根据建筑的使用功能和要求选择合适的防水材料和设防方案。

（8）经济性因素。在满足防水要求的前提下，应选择性价比高的材料和方案，以降低工程造价和维护成本。同时，应考虑材料的使用寿命和更换周期，以实现长期的经济效益。

总之，屋面防水设计应综合考虑建筑等级、自然条件、材料特性、施工操作、建筑使用功能和经济性等因素，制定合理的设防方案和排水系统，以确保屋面防水工程的可靠性、耐久性和经济性。

2. 刚性防水屋面渗漏的施工因素

（1）施工总体因素。防水施工没有严格按操作规程及设计要求精心进行，局部地方防水措施不当，造成找平层与细部节点质量低劣，防水层厚度未达到相关规范规定，隔离层、分仓缝、保护层等施工不规范。

（2）防水专业施工队伍缺乏。如果施工单位使用不专业的防水工人进行屋面防水施工，可能会导致防水工程的失败。

（3）刚性防水屋面振捣不密实。如果屋面的养护不好或者厚度不足，或者混凝土中各种砂石料比例及水胶比处理不当，可能会影响刚性防水层的渗漏。同时，如果防水层下的隔离层未做好，起不到隔离作用，或者分格缝设置位置不合理，密封材料嵌填不认真、不严密等，也会导致刚性防水层的渗漏。

（4）对防水施工工序的质量控制及管理不重视。如果找平层施工质量差、施工时黏合时间掌握不准引起防水层剥离，则会导致渗漏。如果防水材料接缝搭接宽度不足、胶粘剂选用不当或涂刷不匀，或者施工时基层清理不干净，有砂粒、石子等杂物，或者操作人员穿硬底鞋施工导致防水层破损，或者施工队伍未按照设计图样和施工技术规范进行施工和分工序、分层进行检查验收，尤其是对节点部位处理不当，都会留下渗漏的隐患。

这些因素可能导致刚性防水屋面的防水工程发生渗漏，因此需要在施工过程中严格控制质量并进行有效的管理。

3. 刚性防水屋面渗漏的原材料因素

原材料的材性材质也是影响防水效果的重要因素之一，水泥、骨料的材质，配合比、水胶比不当，防水材料质量低劣，易导致屋面渗漏水。

刚性防水屋面发生渗漏可能因原材料使用不当造成，具体因素包括水泥强度等级、水泥用量、骨料、材料吸水率及防水材料的质量因素等。

（1）水泥强度等级因素。使用了低强度等级的水泥或过期水泥，会因水泥强度不足而造成开裂，导致防水层损坏。

（2）水泥用量因素。如果水泥用量过少，会导致防水层强度不足，容易开裂。

（3）骨料因素。如果使用的砂子粒径过小或含泥量太大，会影响防水层的质量和耐久性。

（4）材料吸水率因素。如果使用了吸水率较高的材料，会导致防水层过快干燥，从而开裂。

(5) 防水材料的质量因素。如果使用了质量较差的防水材料，如劣质涂料或卷材，会导致防水层失效，从而引起渗漏。

因此，在施工过程中，应选择符合规范要求的原材料，并按照设计要求进行施工。

三、刚性防水屋面裂缝的维修

刚性防水层出现裂缝后，应根据其形状、位置、状态找出裂缝产生的原因，确定其稳定程度及可能的发展趋向等，经过分析后再制定出维修方案。如在应该设置温度变形缝或结构变形缝的部位施工时没有设置变形分格缝，随着屋面使用时间的增长必然产生结构和温度变形裂缝。选择维修材料时，应考虑其对裂缝的适应性、本身的耐久性、施工与供应的可能性及经济性。针对不同的裂缝，应分别采取以下措施：

微课视频：刚性防水屋面裂缝的维修

(1) 对于相对稳定（短时间不再增宽的裂缝）的窄裂缝（5mm 内），可以采取直接在裂缝部位嵌涂防水涂料的方法进行修补。

(2) 对于不稳定裂缝可采取下述维修方法。

1) 对于较小的不稳定裂缝，可以沿裂缝涂刷柔韧性和延伸性较好，并具有抗基层开裂能力的涂料，如石灰乳化沥青、再生橡胶沥青等涂料。

2) 对于较大的不稳定裂缝，如发展较缓慢时，可首先将缝口剔凿成 V 形，并将裂缝部位清洗干净后刷一层冷底子油，再在裂缝部位抹上一层宽 30～40mm、高 3～4mm 的防水油膏，一般采用聚氯乙烯油膏或聚氯乙烯胶泥等材料。

3) 原有嵌缝式油膏接缝经常会出现油膏或胶泥老化、与混凝土黏结不牢而脱开、缝灌不满等现象，若油膏和胶泥已变硬变脆，发生龟裂，或未与混凝土粘牢而脱开时，可以将老化部分油膏铲除干净，重新嵌入优质油膏，为保证质量，再在上面加贴一胶二油等卷材盖缝。

4) 原有贴缝式接缝往往因基层不平整或粘贴不牢而出现贴缝条翘边，或贴缝材料不能适应屋面基层变形而产生开裂的现象。如果是出现少量翘边，可将翘边的部位掀起，清理干净之后再重新粘牢即可。如果出现翘边范围较大，可在两边加压缝条压边粘牢。

学习任务三　厨房和卫生间的维修

案例导入3-3

张先生发现家里漏水，便上楼查看，不料竟发现楼上的房屋经改造后，本是厨房的部分面积变成了卫生间并安放了坐便器。这样的改动，让张先生一家觉得难以接受。因协商未果，张先生将楼上住户高先生诉至法院，要求对方恢复房屋结构布局。

近日，北京市第三中级人民法院对一起邻里关系纠纷做出终审判决，认定我国住房和城乡建设部发布的《住宅设计规范》中规定的"卫生间不应直接布置在下层住户的卧室、起居室（厅）、厨房和餐厅的上层"的条款属于强制性条文，改动房屋结构后让卫生间部分区域对着楼下厨房属于违规。一审法院对此案审理后查明，高先生家原厨房部分面积改造成卫生间并安放了坐便器。一审法院认为，卫生间与厨房的功能明确，对建造有一定的特殊要求，高先生的房屋改造格局违反了国家强制性标准要求。此外，法院认为，基于卫生间的特殊用途，如此改造会让楼下业主产生不适，不符合一般人的生活习惯，且有违善良风俗。据此判令高先生须将房屋的卫生间、厨房结构恢复至原状。高先生不服，提起上诉。北京三中院对此案终审后，驳回上诉、维持原判。

《住宅设计规范》明确规定，卫生间不应直接布置在下层住户的卧室、起居室（厅）、厨房和餐厅的上层，该条文有黑体字标志，属于规范确认的强制性条文。涉案房屋客观上形成了改造后的卫生间部分区域位于下层住户厨房上层的情形，在缺乏合法依据和正当性的情况下，一审法院判决高先生将卫生间、厨房的结构恢复至原状并无不当。作为邻居应遵循社会主义核心价值观的指引，本着友善的态度处理邻里间的纠纷，房屋改造虽为业主的自由，但需在规范允许的范围内进行；鉴于卫生间和厨房的特殊功能，所以《住宅设计规范》才以强制条款的形式，对卫生间和厨房的布置位置做出了规定。

请问：卫生间应该如何进行维修呢？

一、厨房和卫生间的常见渗漏部位及原因

1. 厨房、卫生间常见渗漏部位

全面提高住宅建设的整体水平，已成为当务之急。而房屋检测及使用中发现大量由于住宅新建时遗留下来的缺陷所引发的卫生间、厨房渗漏问题也亟待研究解决。厨房、卫生间渗漏现象时有发生，其常见的渗漏部位主要有厨房、卫生间墙基根部，穿越楼板的管道周围，地漏、洁具底部边缘。

微课视频：厨房和卫生间的常见渗漏部位及原因

2. 厨房、卫生间渗漏原因

（1）厨卫间四周墙体自楼面直接砌多孔砖，设计时没有采取结构防水措施。

（2）厨卫间楼面混凝土振捣不密实，混凝土自防水作用大大削减。

（3）穿越楼板的管道周围混凝土浇筑不密实，或混凝土未认真养护，立管在混凝土终凝前有松动，使后浇筑混凝土散裂，造成管道根部渗漏。

（4）施工时未认真做好地漏泛水，排水不通畅，造成积水，地漏失去排水作用，造成地面积水沿地漏的渗漏。

（5）卫生间洁具安装时操作不当，破坏防水层，从而引起卫生间内积水通过节点边缘楼板的裂缝渗入到下层，造成顶棚及装饰层腐蚀剥落。

二、厨房和卫生间的地面及墙面维修

1. 厨房、卫生间地面聚氨酯防水工程的维护

（1）基层处理。厨房、卫生间的防水基层必须用1:3的水泥砂浆找平，要求抹平、压光、无空鼓，表面要坚实，不应有起砂、掉灰现象。在抹找平层时，管子根部周围的找平层要略高于地面，地漏周围的找平层应做成略低于地面的洼坑。找平层的坡度以1%~2%为宜。阴、阳角处要抹成半径不小于10mm的小圆弧。

微课视频：厨房和卫生间的地面及墙面维修

与找平层相连接的管件、卫生洁具、排水口等，必须安装牢固，收头圆滑，按设计要求用密封膏嵌固。基层必须基本干燥，一般在基层表面泛白均匀、无明显水印时，才能进行涂膜防水层的施工。施工前要把基层表面的尘土杂物彻底清扫干净。

（2）施工工艺。主要有清理基层、涂布底胶、配制聚氨酯涂膜防水涂料、涂膜防水层施工和做好保护层五个步骤。具体操作内容如下：

1）清理基层。需做防水处理的基层表面，必须彻底清扫干净。

2）涂布底胶。将聚氨酯甲、乙两组份和二甲苯按1∶1.5∶2的比例（质量比）混合搅拌均匀，再用小滚刷或油漆刷均匀涂在基层表面上。干燥固化4h以上，才能进行下道工序的施工。

3）配制聚氨酯涂膜防水涂料。将聚氨酯甲、乙组两组份和二甲苯按1∶1.5∶0.3的比例配合，用电动搅拌器强力搅拌均匀备用。应随配随用，一般最好在2h内用完。

4）涂膜防水层施工。用小滚刷或油漆刷将已配好的防水涂料均匀涂布在底胶已干涸的基层表面上。涂完第一度涂膜后，一般需固化5h以上，在基本不粘手时再按上述方法依次涂布第二、三、四度涂膜，并使后一度涂膜与前一度涂膜的涂布方向相垂直。对于管子根部和地漏周围及下水管转角墙部位，必须认真涂刷，涂刷厚度不小于2mm。在最后一度涂膜固化前及时稀撒少许干净的粒径为2~3mm的小豆石，使其与涂膜防水层黏结牢固，作为与水泥砂浆保护层黏结的过渡层。

5）做好保护层。当聚氨酯涂膜防水层完全固化并通过蓄水试验合格后，即可铺设一层厚度为15~25mm的水泥砂浆保护层，然后按设计要求铺设饰面层。

2．厨房、卫生间涂膜防水施工的注意事项

（1）施工用材料若有毒性，存放材料的仓库和施工现场必须通风良好，无通风条件的地方必须安装机械通风设备。

（2）施工材料多属易燃物质，存放、配料及施工现场必须严禁烟火，现场要配备足够的消防器材。

（3）在施工过程中，严禁踩踏未完全干燥的涂膜防水层。操作人员应穿平底胶布鞋，以免损坏涂膜防水层。

（4）凡需做附加补强层的部位应先施工，再进行大面积的防水层施工。

（5）已完工的涂膜防水层必须经蓄水试验确认无渗漏现象后，方可进行刚性保护层的施工。进行刚性保护层施工时，切勿损坏防水层，以免留下渗漏隐患。

3．厨房、卫生间渗漏与堵漏技术

（1）板面及墙面渗水。板面及墙面渗水的原因在于：混凝土、砂浆施工的质量不良，存在微孔渗漏；板面、隔墙出现轻微裂缝；防水涂层施工质量不好或被损坏。板面及墙面渗水的堵漏措施如下：

1）拆除卫生间渗漏部位的饰面材料，涂刷防水涂料。

2）如有开裂现象，则应先对裂缝进行增强防水处理，再刷防水涂料。增强处理一般采用贴缝法、填缝法和填缝加贴缝法。贴缝法主要适用于微小的裂缝，可刷防水涂料并加贴纤维材料或布条，做防水处理。填缝法主要用于较显著的裂缝，施工时要先进行扩缝处理，将缝扩展成15mm×15mm左右的V形槽，清理干净后刮填嵌缝材料。填缝加贴缝法除采用填缝处理外，在缝表面再涂刷防水涂料，并粘贴纤维材料。

3）当渗漏不严重或饰面拆除有困难时，可直接在其表面刮涂透明的或彩色的聚氨酯防水涂料。

（2）卫生洁具及穿楼板管道、排水管口等部位渗漏。渗漏原因如下：

1）细部处理方法欠妥，卫生洁具及管口周边填塞不严。

2）由于振动及砂浆、混凝土收缩等原因出现裂隙。

3）卫生洁具及管口周边未用弹性材料处理或施工时嵌缝材料及防水涂料黏结不牢。

4）嵌缝材料及防水涂层被拉裂或拉离黏结面等。

在上述情况下的堵漏措施为：将漏水部位彻底清理，刮填弹性嵌缝材料；在渗漏部位涂刷防水涂料，并粘贴纤维材料，增强防水性。

实训任务　防水工程的维修

一、实训目的

通过本次实训，旨在让学生掌握防水工程维修的基本技能，包括防水材料的识别、防水工程的检测与诊断、防水维修工具的使用、维修方案的制定和实施等。

二、实训要求

（1）防水材料的识别，了解不同类型防水材料的特点和性能，如卷材、涂料、砂浆等，并掌握如何正确选择和使用防水材料。

（2）防水工程的检测与诊断，学习如何对防水工程进行检测，包括外观检查、闭水试验等，并能够根据检测结果对防水工程存在的问题进行诊断。

（3）防水维修工具的使用，掌握常用的防水维修工具，如刮刀、打磨机、压接钳等，并了解其使用方法和注意事项。

（4）维修方案的制定和实施，根据防水工程存在的问题，制定相应的维修方案，包括维修方法、材料选择、施工流程等，并能够在指导下完成维修任务。

三、实训步骤

（1）防水工程维修的基本知识和技能，包括防水材料的特点和性能、防水工程的检测和诊断方法、防水维修工具的使用方法等。

（2）学生分组进行实训，每组选取一个实际防水工程进行维修实训。

（3）学生进行防水材料的识别和选择，完成防水工程的检测和诊断，制定相应的维修方案，包括维修方法、材料选择、施工流程等，按照维修方案进行维修施工。

（4）学生完成维修任务后，进行总结和评价，提交相应的报告。

四、实训时间

4学时。

五、实训考核

本次实训的考核方式包括以下方面：

（1）防水材料的识别和选择能力（30%）：学生能够正确识别和选择常用的防水材料，包括卷材、涂料、砂浆等。

（2）防水工程的检测和诊断能力（20%）：学生能够正确进行防水工程的检测和诊断，

包括外观检查、闭水试验等。

（3）防水维修工具的使用能力（20%）：学生能够正确使用常用的防水维修工具，如刮刀、打磨机、压接钳等。

（4）维修方案的制定和实施能力（30%）：学生能够根据防水工程存在的问题，制定相应的维修方案，并在指导下完成维修任务。

项目小结

（1）柔性防水屋面渗漏的检查要特别注意防水层是否有裂缝皱折、表面龟裂、老化变色褪色、表面磨耗、空鼓等现象，以及屋面排水坡度是否合理，屋面是否有存水现象。还要注意防水层收头部位密封膏是否有龟裂、断离的现象，卷材是否有开口、开边，固定件松弛等现象，尤其是天沟部位的防水层收头是否有渗漏现象或做法不当等。另外，还要观察屋面保护层是否有开裂、泛水部位的防水层是否脱落、女儿墙防水层压顶部位是否损坏、落水口处是否有破损等现象。

（2）在柔性防水屋面的日常管理中，需要执行好屋面在使用期间定期检查制度、非上人屋面管理制度、屋面作业实施程序、春季解冻后的屋面管理、屋面的常规检查制度等系列规定。

（3）卷材防水屋面的维修需要掌握卷材类防水屋面常见弊病及原因分析，以及卷材类防水屋面常见弊病的维修。

（4）涂料（涂膜）防水屋面的维修包括涂膜防水裂缝产生原因的论证，主要的维修内容是屋面构造节点渗漏的维修和屋面落水口处防水构造的渗漏维修。

（5）屋面构造节点的维修包括屋面构造节点渗漏的维修和屋面落水口处防水构造渗漏的维修。

（6）刚性防水屋面渗水的原因主要包括内在原因和外在原因。

（7）刚性防水屋面渗漏的施工不当原因有：施工总体因素、防水专业施工队伍缺乏、刚性防水屋面振捣不密实、对防水施工工序的质量控制及管理不重视等原因。

（8）厨房、卫生间渗漏原因有设计因素、混凝土振捣不密实因素、卫生间洁具安装时操作不当因素。

综合训练题

一、单项选择题（25×2=50分）

1. 当屋面已接近设计耐久年限或已明显出现一些弊病时，应对（　　）防水层做部分或全面的检查。

  A. 厕所　　　　　　B. 厨房　　　　　　C. 飘窗　　　　　　D. 屋面

2. 屋面在使用期间应指定（　　）负责管理，并定期检查。

  A. 兼职人员　　　　　　　　　　　B. 专人

  C. 施工单位项目经理　　　　　　　D. 建设单位项目经理

3. 对非上人屋面,应严格禁止( )在上屋面活动。
   A. 非工作人员　　B. 工作人员　　C. 人员　　D. 施工作业人员
4. 每年( )后,应彻底清扫屋面,清除屋面及落水管处的积灰、杂草、杂物等,使雨水管排水保持通畅。
   A. 春季解冻　　B. 夏日暴晒　　C. 秋雨绵绵　　D. 冬季降雪
5. 对屋面的检查一般每( )进行一次
   A. 周　　B. 两周　　C. 月　　D. 季度
6. 卷材类防水房面是用( )把防水卷材逐层黏合在一起,构成屋面防水层。
   A. 水泥抹灰　　B. 胶凝材料　　C. 胶粘材料　　D. 大火烘烤
7. 屋面产生有规则裂缝的主要原因是由于( )而导致屋面板产生胀缩造成对上部卷材层的拉裂。
   A. 温度变化　　B. 降雨　　C. 降雪　　D. 刮风
8. 屋面产生无规则裂缝的主要原因是防水卷材铺设时( ),在卷材收缩后接头开裂、翘起,产生裂缝。
   A. 降雨　　B. 搭接太小　　C. 温度变化　　D. 搭接太宽
9. 屋面卷材起鼓的原因:在卷材防水层中黏结不实的部位,封存有( )和气体。
   A. 混凝土残余骨料　　　　　　B. 水分
   C. 节能残余材料　　　　　　　D. 建筑垃圾颗粒
10. 屋面坡度过陡,而采用平行屋脊铺贴卷材;或采用垂直屋脊铺贴卷材,在半坡进行短边搭接,容易造成卷材一定时间后( )。
    A. 流淌　　B. 有规则裂缝　　C. 无规则裂缝　　D. 起鼓
11. 屋面防水材料中的( )有良好的温度适应性,操作简便、健康环保,易于维修与维护。
    A. 防水涂料　　B. 防水卷材　　C. 聚苯乙烯板　　D. 防水沥青
12. 涂膜防水施工前,当混凝土基层存在裂缝且宽度大于( )时,应当铲除后重新进行找平处理或采用堵漏材料进行修补。
    A. 0.3mm　　B. 0.4mm　　C. 0.5mm　　D. 0.6mm
13. 涂膜防水施工,第一个要保障的就是( )部位坚固、不开裂。
    A. 基层　　B. 节能　　C. 外墙漆　　D. 聚苯乙烯板
14. 如果防水涂料一次涂刷过厚,或者在涂刷过程中涂料向下流淌造成涂膜过厚,都会有( )的质量问题。
    A. 流淌　　B. 脱落　　C. 起皮　　D. 开裂
15. 上面铺贴卷材或铺设带有胎体增强材料的涂膜防水层并压入立面卷材的( )部位,将搭接缝处封口严密。
    A. 上面　　B. 平行　　C. 垂直　　D. 下面
16. 压顶处砂浆开裂、剥落时,应将破损砂浆面层剔除后,先用配合比为( )的水泥砂浆抹平,再重做防水处理。
    A. 1:1.05　　B. 1:2.5　　C. 1:1.5　　D. 1:2
17. 压顶处砂浆开裂、剥落时,应将破损砂浆面层剔除后用,先混凝土强度等级为( )

的细石混凝土抹平，再重新做防水处理。

  A. C15   B. C20   C. C25   D. C30

18. 伸出屋面的管道根部发生渗漏时，应将管道周围的卷材、胶粘材料及密封材料清除干净，管道与找平层间剔成（　　）状，并修整找平层。

  A. 凹槽   B. 平整   C. 凸槽   D. 凿毛

19. （　　）防水层伸缩性小，对于房屋受震动和温差等极为敏感，加之节点构造处理的不合理和施工质量等问题，极易引起刚性屋面开裂渗漏。

  A. 重混凝土   B. 沥青混凝土   C. 轻骨料混凝土   D. 细石混凝土

20. 混凝土是一种人造石材，用作防水材料时，在（　　）作用力下易出现裂缝。

  A. 拉力   B. 压力   C. 偏心压力   D. 弹力

21. 下列属于结构变形产生裂缝的原因是（　　）。

  A. 大气温度   B. 室内热源

  C. 太阳辐射、风、雨   D. 地基的不均匀沉降

22. 屋面防水设计应根据（　　），来确定防水标准。

  A. 屋面设计防水等级   B. 建设单位指令

  C. 当地建设行政主管部门指令   D. 建筑物抗震等级

23. 混凝土是一种非均匀材质，在板内布有大小不同的微细孔隙，一般可分为（　　）和构造孔隙两类，两者都可引起渗漏。

  A. 建筑空隙   B. 节能空隙   C. 保温空隙   D. 施工孔隙

24. 厨卫间四周墙体自楼面墙体材料不宜采用（　　），设计时应采取结构防水措施。

  A. 实心砖   B. 空心砖

  C. 混凝土剪力墙   D. 普通混凝土砌块

25. 卫生间洁具安装时操作不当，破坏防水层，从而引起卫生间内积水通过节点边缘楼板的裂缝渗入到下层，造成（　　）腐蚀剥落。

  A. 天棚及装饰层   B. 地面地板砖

  C. 立面饰面砖   D. 防水卷材

二、多选题（10×2=20分）

1. 防水涂料经固化后可以形成一层防水涂膜，具有一定的（　　）、抗渗性及耐候性。

  A. 延伸性   B. 弹塑性   C. 柔韧性   D. 抗裂性

2. 天沟、檐沟、泛水部位卷材开裂在维修时，首先应清除（　　）。

  A. 聚苯乙烯板   B. 破损卷材   C. 胶粘材料   D. 岩棉板

3. 厨房、卫生间渗漏现象时有发生，其常见的渗漏部位主要有（　　）。

  A. 厨房、卫生间墙基根部   B. 穿越楼板的管道周围

  C. 地漏、洁具底部边缘   D. 上墙橱柜处

4. 下列属于厨房、卫生间发生渗漏原因的是（　　）。

  A. 厨卫间四周墙体自楼面直接砌多孔砖

  B. 厨卫间楼面混凝土振捣不密实

  C. 混凝土养护时间过长

  D. 施工时未认真做好地漏泛水

5. 下列属于刚性屋面渗水内在原因的是（　　）。
   A. 结构变形引起的裂缝　　　　B. 施工裂缝
   C. 自然环境的侵蚀　　　　　　D. 排水系统问题
6. 造成卷材屋面流淌现象的原因可能有（　　）。
   A. 胶结料耐热度偏低　　　　　B. 胶结料黏结层过厚
   C. 屋面坡度过陡　　　　　　　D. 混凝土强度过高
7. 下列关于柔性屋面渗漏的检查说法错误的是（　　）。
   A. 注意防水层是否有裂缝皱折
   B. 注意混凝土水泥选择是否妥当
   C. 老化变质以及杂草丛生等现象不会引起柔性防水屋面渗漏
   D. 注意泛水部位的防水层是否脱落
8. 下列关于涂膜防水层施工说法正确的是（　　）。
   A. 涂完第一度涂膜后，一般需固化 2h 以上
   B. 在第一度涂膜基本不粘手时，再依次涂布第二、三、四度涂膜
   C. 后一度涂膜与前一度涂膜的涂布方向相平行
   D. 在涂刷最后一度涂膜固化前及时稀撒少许干净的粒径为 2～3mm 的小豆石
9. 下列关于厨房、卫生间地面聚氨酯防水工程的维护基层处理说法正确的是（　　）。
   A. 厨房、卫生间的防水基层必须用 1∶4 的水泥砂浆找平
   B. 在抹找平层时，管子根部周围的找平层要略高于地面
   C. 阴、阳角处要抹成半径不小于 10mm 的小圆弧
   D. 一般在基层表面泛白均匀、无明显水印时，才能进行涂膜防水层的施工
10. 下列关于配制聚氨酯涂膜防水涂料说法正确的是（　　）。
    A. 将聚氨酯分甲、乙组两组份
    B. 聚氨酯和二甲苯按 1∶1.5∶0.3 的比例配合
    C. 用电动搅拌器强力搅拌均匀备用
    D. 应随配随用

三、简答题（5×4＝20 分）

1. 柔性防水屋面如何进行日常管理？
2. 造成卷材防水屋面流淌现象的原因有哪些？
3. 如何进行屋面构造节点渗漏的维修？
4. 刚性防水屋面原材料的使用因素有哪些？
5. 厨房、卫生间涂膜防水施工的注意事项有哪些？

四、案例分析题（1×10＝10 分）

某小区物业公司接到业主投诉，称其住宅楼顶层卫生间出现漏水现象，导致卫生间地面潮湿，墙壁发霉，影响了业主的正常生活。物业公司立即组织维修人员进行排查和维修。

1. 排查过程

维修人员首先对卫生间进行了仔细地检查，发现卫生间顶部的防水层存在多处破损和老化现象。同时，卫生间地面的防水层也存在一定程度的损坏。维修人员还发现，卫生间排水管道存在堵塞现象，导致排水不畅，加剧了漏水问题。

2. 维修措施

（1）清理卫生间。维修人员首先对卫生间进行彻底清理，清除地面和墙壁上的霉斑和污垢。

（2）修补防水层。对卫生间顶部和地面的防水层进行修补，采用与原防水层相同的材料进行修复。在修补过程中，维修人员特别注意细节处理，确保修补质量。

（3）疏通排水管道。对卫生间排水管道进行疏通，清除堵塞物，确保排水畅通。

（4）验收。维修完成后，物业公司组织专业人员进行验收。在验收过程中，对卫生间进行仔细检查，确保没有漏水现象。同时，还对其他卫生间进行检查，确保整个楼层的防水工程都符合标准。

请问：1. 卫生间发生渗漏的原因主要有哪些？（5分）

2. 根据上述案例，我们应该总结哪些经验教训？（5分）

项目四 房屋外墙装饰工程及门窗工程的维修

◉ 学习目标

（1）了解装饰工程及门窗工程中损坏和缺陷情况。
（2）掌握抹灰常见质量通病及原因；剪力墙、梁、柱与砌体交接处空鼓开裂处理；石材修补方法。
（3）熟悉各单项工程中损坏部分的维修方法，能够根据实际情况选择相应方法进行维修。

◉ 能力目标

（1）能够识别和处理抹灰常见的质量通病。
（2）能够处理剪力墙、梁、柱与砌体交接处的空鼓开裂问题。
（3）能够进行石材的修补工作。
（4）能够根据门窗工程中的损坏或缺陷情况，采取合理的单项维修方法。

◉ 素质目标

（1）具备认真负责、细致入微的工作态度。
（2）具备良好的沟通和协调能力，能够与其他工作人员有效合作。
（3）具备一定的创新能力，能够在实践中不断探索、改进维修方法。
（4）具备较高的安全意识，能够遵守安全操作规程，确保工作安全。

学习任务一　外墙面抹灰面层的维修

案例导入 4-1

某小区的外墙面出现了开裂、空鼓和饰面砖脱落等问题，需要进行维修。由于该小区内交通路线狭窄，地面有一层平房和停车区，维修施工有一定的难度。

1. 维修施工措施

（1）在地面和屋顶上搭设防护棚，采用脚手管和脚手板进行防护。
（2）采用起重机托举操作框的方式，起重机停放在楼下小停车场，起重机进出时需要协调小区内停车。

2. 维修施工工艺

（1）外墙维修之前的拆除。采用手持切割机将开裂的抹灰层切割成小块，拆除下来，尽量避免掉落到地面，尤其避免整块掉落到地面。切割时掌握从上到下切割拆除，逐层、逐块拆除，先拆除空鼓严重再拆除空鼓次之的原则。

（2）拆除后，采用中核 LEAC13 聚合物砂浆作为界面剂，在基层表面满刷，加固基层、确保后面工艺层的黏结强度，同时起到防水作用。

（3）采用轻质 FTC 砂浆，逐层抹平墙面。

（4）聚合物砂浆内嵌耐碱网格布一道（包括女儿墙顶部和女儿墙内侧）。

（5）批刮专业外墙腻子两道（包括女儿墙顶部和女儿墙内侧）。

（6）滚涂外墙抗碱封闭底漆一道（包括女儿墙顶部和女儿墙内侧）。

（7）滚涂白色外墙涂料两道（包括女儿墙顶部和女儿墙内侧）。

完成上述步骤后，外墙面的维修工作即告完成。需要注意的是，维修时需要遵循安全操作规程，避免对周围环境和人员造成影响。

请问：维修期间如何做好程序管理问题？

一、抹灰装饰面层的常见缺陷及其处理

动画视频：抹灰装饰面层的常见缺陷及其处理 1

抹灰装饰面层是把砂浆抹在墙面、顶棚等部位基层之上，起到保护墙面和装饰的作用，一般由基层抹灰砂浆和面层抹灰砂浆构成。抹灰装饰面层按使用砂浆的种类和装饰效果可分为一般抹灰和装饰抹灰两大类。

1. 抹灰装饰面层的常见缺陷

（1）空鼓、开裂。抹灰前基层清理不彻底，表面灰尘、酥皮等未清理干净；抹灰前未进行浇水湿润；每层抹灰太厚或间隔时间太短；混凝土表面光滑，未认真进行"拉毛处理"；抹灰后未及时养护。

动画视频：抹灰装饰面层的常见缺陷及其处理 2

（2）抹灰面层起泡。抹完罩面灰后，压光跟得太紧，灰浆没有收水，故压光后多余的水汽化后形成气泡。

（3）抹纹。基层湿水时浇水过多，或砂浆中含水量过大，抹罩面灰后，水浮在灰层表面，压光后易出现抹纹。

（4）抹灰面不平，阴阳角不方正。抹灰面不平，阴阳角不方正，产生的主要原因是吊直、套方及打灰饼不认真。还有自然方面的原因，如施工质量的影响、使用不当等。

2. 抹灰装饰面层的处理

（1）墙面抹灰层空鼓开裂的处理。当抹灰施工后发生空鼓时，抹灰空鼓处只能做返工处理。具体方法为：先将空鼓部分凿去（凿除范围为空鼓部位四周扩大 100mm），四周凿成方形或圆形，边缘凿成斜坡形，用钢丝刷刷掉墙面松散灰皮。进行处理时，水泥采用硅酸盐水泥，严禁混用不同品种、不同强度等级的水泥；砂采用中、粗砂，过 8mm 孔径筛子，含泥量不大于 3%。底层表面进行拉毛，拉毛处理完成后，将修补处周围 100mm 范围内清理干净。修补前一天，用水冲洗，使其充分湿润，一天内最好浇水湿润两次。修补时，先在底面及四周刷素水泥浆一遍，然后分两次用和原面层相同材料的 1∶2 水泥砂浆填补并搓平。

(2) 剪力墙、梁、柱与砌体交接处空鼓开裂的处理。

1) 当剪力墙、梁、柱与砌体交接处空鼓且裂缝过大时，先将开裂处抹灰层凿除，四周凿成方形，清理基层，将松动、疏松、脱落的砂浆清除干净，在不同材料基体交接处的表面重新粘贴钢丝网，之后采用素水泥浆的方法对墙面进行拉毛处理。待拉毛的水泥浆终凝后，用水将墙面适当湿润，然后分两次用和原面层相同材料的1:2水泥砂浆填补并搓平。

2) 当剪力墙、梁、柱与砌体交接处没有空鼓且出现细小裂缝时，先将裂缝处四周切割成较整齐规则的平面，四周切割边切成向外约45°的斜口，宽度为沿裂缝两边各扩大10～15cm，只凿除面层，清除周围松动的砂浆，并用钢丝刷清理干净，然后用水湿润，挂纤维网片，采用素水泥浆修补抹平。

(3) 线管开槽处出现裂缝的处理。当线管开槽处出现裂缝时，由于线槽处裂缝较小，先将裂缝处四周切割成较整齐规则的平面，四周切割边切成向外约45°的斜口，宽度为2～3cm，剔除线管周围松动的砂浆，并用钢丝刷清理干净，然后用水湿润，采用抗裂砂浆分两次修补抹平。

(4) 一般抹灰墙面的修补。

1) 确定坏损及修补范围。主要是通过直观法和敲击法来确定。

2) 清底。砖墙面要剔除砖的风化层，混凝土墙面和加气混凝土墙面的表面要做粗糙处理，凸凹处要先剔平，再做粗糙处理。

3) 铲口。为使新旧抹灰层接槎牢固，不再产生新的空壳层，在新旧抹灰层接槎处要铲成倒斜口，并用笤帚洒水润湿原墙面后才能进行修补。

(5) 装饰抹灰墙面的修补。

1) 确定修补范围并清除破损部位。

2) 修补和清洁基层。

3) 抹底层灰。

4) 抹面层，步骤如下：

①用水浇湿底层。

②用素水泥砂浆刷一层。

③按设计要求或原有分格粘贴分格条，然后用1:3水泥砂浆找平打底。

④抹水泥石子浆面层，面层厚度视石子粒径而异，抹面层时必须拍平、拍实、拍均，新旧石子面要求平坦。

⑤待面层七成干时用刷子蘸水刷掉表面水泥浆，使石子露出，再用铁板将露出石子尖头轻轻拍平。

5) 刷洗。

二、抹灰施工工艺流程

抹灰施工工艺流程主要有九个步骤：施工准备、技术交底；基层清理；钉钢丝网；墙面甩浆；抹灰饼、冲筋；做护角；机电管线盒埋设；抹底灰；抹罩面灰。

微课视频：抹灰墙面的维修内容

(1) 施工准备、技术交底。主体结构验收通过，各项资料验收合格；抹灰前砌体隐蔽工作完成；抹灰工程施工方案及技术交底完成。

（2）基层清理。将露出墙面的舌头灰刮净，墙面的凸出部位剔凿平整；对松动、灰浆不饱满的拼缝及梁、板下的顶头缝，用掺801胶的水泥砂浆（掺量为10%）填塞密实；用笤帚将墙面杂物清扫干净。

（3）钉钢丝网。在砌体墙与剪力墙、柱、梁等不同材质墙体交接处和砂浆抹平的线槽、封堵的洞口等处钉钢丝网；钢丝网的钢丝直径不小于φ1.2mm，网眼大小为20mm×20mm；钢丝网在剪力墙上用粘贴连接铁片固定，砌体墙上用射钉固定，挂网要均匀、平整、牢固。

（4）墙面甩浆。先浇水湿润墙面，后甩浆。甩浆量不小于墙面面积的80%，甩浆后洒水养护至少2天。

（5）抹灰饼、冲筋。灰饼用1∶3水泥砂浆做成，大小一般为5cm见方；确定抹灰厚度后，挂线，开始打灰饼，用激光测距仪测量房间开间、进深，并做好记录，以保证满足分户验收的要求。

（6）做护角。室内墙面、柱面和门洞口的阳角应采用1∶2水泥砂浆（强度等级M20）做暗护角，其高度不应低于2m，每侧宽度不应小于50mm。

（7）机电管线盒埋设。对预留孔洞和配电箱、槽、盒进行检查，箱、槽、盒外口应与抹灰面齐平或略低于抹灰面；当基层抹完灰后，要随即用钢锯条沿孔洞的内壁将预留孔洞、配电箱、槽、盒内多余的水泥砂浆刮掉，并清除干净。

（8）抹底灰。底层砂浆每遍厚度为5~7mm，应分层与所冲筋抹平，并用大杠刮平、找直，木抹子搓毛。

（9）抹罩面灰。基层抹灰固化凝结后，方可进行面层抹灰。面层抹灰前将基层抹灰面洒水湿润，面层用铁抹子用力抹平、压实、赶光，达到表面光滑平整、无裂纹标准。

学习任务二　外墙镶贴块料面层的维修内容

案例导入4-2

某小区的外墙面采用了镶贴块料面层，但在使用过程中出现了空鼓和脱落现象，需要进行维修。维修步骤如下：

（1）剔除空鼓面砖。对于空鼓部位的面砖，沿其外放一块砖的部位用小型切割机沿砖缝进行切割，然后小心地剔除空鼓的面砖。

（2）检查并处理基层。空鼓面砖剔除完毕后，用小锤检查其基层是否空鼓。若基层空鼓，应剔除空鼓部位并用水泥砂浆重新抹平。

（3）镶贴面砖。在基层处理好后，重新镶贴面砖。镶贴时应确保面砖与基层之间的黏结牢固，可以采用专用的瓷砖胶或水泥砂浆进行粘贴。

（4）面砖勾缝及擦缝。面砖粘贴完毕后，进行勾缝处理。勾缝时应采用与面砖颜色相近的填缝剂，确保勾缝平整、美观。勾缝完成后，用干净的湿布擦拭面砖表面，去除多余的填缝剂。

请问：如何做好维修管理工作？

一、墙面砖或瓷砖类面层的维修内容

1. 常见损坏情况

（1）墙面砖空鼓脱落，不仅严重影响装修质量，还有可能掉落砸到行人，非常危险。

（2）墙砖有裂缝、变色或表面沾污、破损缺棱等问题，达不到装修质量验收标准的要求。

（3）墙面砖灰缝不饱满、墙面砖表面不平整及灰缝偏大等质量问题，严重影响装修质量。

2. 修补方法

在房屋外墙面的装饰中，面砖或瓷砖等类型的贴面材料已普遍被采用，由于外墙面受阳光、大气中水分、温度及各种有害气体的腐蚀，面砖或瓷砖等类型的贴面材料极易出现空鼓、脱落等损坏现象。

（1）当面砖只与黏结层灰脱离产生表层起鼓起壳时，可采用灌浆法进行修补。

1）正确观察裂缝宽度。

2）基层处理：清除裂缝表面的灰尘、油污。

3）确定注入口：一般按 20~30cm 距离设置一个注入口，注入口位置尽量设置在裂缝较宽、开口较通畅的部位，贴上胶带，预留。

4）封闭裂缝：采用快干型封缝胶，沿裂缝表面涂刮，留出注入口。

5）安设塑料底座：揭去注入口上胶带，用封缝胶将底座粘于注入口上。

6）安设灌浆器：将配好的灌浆树脂注入软管中，把装有树脂的灌浆器旋紧于底座上。

7）灌浆：松开灌浆器弹簧，确认注入状态，如树脂不足可继续注入。

8）注入完闭：待注入速度降低确认不再进胶后，可拆除灌浆器，用堵头将底座堵死。

9）树脂固化后敲掉底座及堵头，清理表面封缝胶。

（2）当底层灰与面砖层产生脱离时，为保证维修的效果，可采用挖补法进行修补。

1）将破损墙砖掏出。

①用切割机在距破损墙砖周边 5~6mm 处切槽。

②用切割机将墙砖缝的水泥略微刮下一些。

③用切割机把墙砖表面的釉面划开一道口，以便把墙砖敲碎掏出。

④用锤子把墙砖敲碎后取下来。

注意：如果水泥粘得太牢，可以用锤子及錾子把破损墙砖剔下。

2）贴新墙砖。

①按仿单标示的比例调匀益胶泥。

②把益胶泥抹在墙上，用抹子抹平。

③对好墙砖的花色，轻巧地贴到墙上。

④用锤子的木柄轻敲墙砖中心点与四周，将空气敲出。

3）填缝。

①按仿单标示的比例调匀瓷砖填缝剂。

②用海绵抹将填缝剂抹到墙砖之间的缝隙中。

微课视频：墙面砖或瓷砖类面层的维修内容

动画视频：墙面砖或瓷砖类面层的维修内容

③填缝剂半干后,将海绵蘸水,擦掉过剩的填缝剂,干燥后完成。

二、大理石、花岗石等大块料饰面板面层的维修内容

1. 石材常见问题

(1) 安装工艺不正确。如果安装工艺不正确,或者在打磨时出现的自身缺陷,又或者随着使用时间的延长,石材将出现明裂、暗裂、破损、孔洞、砂眼、石痣、石胆等问题。

微课视频:大理石、花岗石等大块料饰面板面层的维修内容

(2) 自身形成原因。大理石是沉积岩,很容易在形成时夹杂一些其他物质,最后形成石痣、石胆。日常出现破损的石材一般都是大理石,因为大理石的特殊形成原理容易导致天然缺陷,像暗裂、砂眼、石痣、石胆等,而且越高档的大理石,越容易出现破损、破裂现象。

动画视频:大理石、花岗石等大块料饰面板面层的维修内容

2. 石材修补

经过多年经验积累,石材的破损修补主要有五种方法:研磨抛光法、热固化修补法、冷固化修补法、材料合成修补法及覆膜转印修补法。

(1) 研磨抛光法是针对孔洞比较小的,或者微裂隙的修补,难度也是最高的一类。这一类孔洞裂隙都在 1~3mm,云石胶渗透性不是很好,给修复造成困难,也会给抛光造成困难。

孔洞修补需要综合考虑孔洞直径及修补胶的流平性、黏结性、可抛光性、稳定性。使用石材气孔修补胶对整体石面批刮 2~3 次,可以修复 1~3mm 的石面微孔;3mm 以上的微孔,应使用石瓷快速修补膏对孔洞进行专业修补。

(2) 热固化修补法是利用特殊的固化剂材料修补裂缝。原理为:这类固化剂有一些特殊的成分,经过化学反应,使温度达到 90℃,起到固化的作用。

(3) 冷固化修补法是采用高分子树脂材料,材料中含有聚合用的单体、光引发剂、无机填充剂等,发生聚合反应。该方法可以修补 3~5mm 的孔洞,也可用于修补裂缝。

(4) 材料合成修补法是取相似材料合成,主要针对局部破损、石痣、石胆。

(5) 覆膜转印修补法是将终饰面的相对平整度提高,涂上覆膜夜,用刮刀刮平(注意:一定要刮平),贴上转印膜,利用紫外线凝固灯照射 1~3s 即可完成。

3. 大理石、花岗石等大块料饰面板面层的修补

一般把大理石、花岗石、蓝田玉、汉白玉板等称为大块料。大理石、花岗石等大块料饰面板面层的修补方法主要有:

(1) 板材破裂时,可用环氧树脂或 502 号胶黏结修补。

(2) 板材剥落时,采用"树脂锚固螺栓法"进行加固补救。方法如下:

1) 按事先的放线定位尺寸沿维修墙面钻孔,一般要求每平方米钻 8~14 个孔,且保证每块板材不少于 4 个孔。

2) 孔洞清灰后应立即用树脂枪把配制好的环氧树脂浆灌满孔,然后放入锚固螺栓(锚固螺栓应先除锈,螺栓直径应小于孔径 2~4mm)。

3) 锚固、封口。

学习任务三　门窗工程的维修

案例导入 4-3

某小区的门窗在使用过程中出现了漏水现象，需要进行维修。维修步骤如下：

（1）检查门窗框与墙体之间的密封胶是否老化开裂，若有此问题，应清除旧密封胶，重新打耐候密封胶。

（2）检查门窗框与墙体之间的缝隙是否过大，若缝隙过大，应使用水不漏固化剂进行封堵填充，增强封堵效果。

（3）检查窗户四周墙面是否有裂隙破损，若有此问题，应使用外墙聚氨酯防水涂刷材料进行防水涂刷。

（4）若以上方法都无法解决问题，可能是保温层内窜水，需要在窗户上口位置开槽，阻断内窜水才能彻底修复。

维修完成后，应对门窗进行全面检查，确保维修质量符合要求。此外，在日常使用中，应定期对门窗进行检查和维护，及时发现问题并进行处理，以延长门窗的使用寿命。

请问：门窗的日常维护工作如何进行？

一、门窗工程常见损坏的原因及后果

微课视频：门窗工程常见损坏的原因

1. 门窗立口不正

主要原因：土建结构施工尺寸存在较大偏差。后果：门窗固定后出现窗口向内或向外倾斜，影响美观效果、妨碍灵活开启，甚至造成门窗渗漏。

2. 固定铁件间距不正确（固定点间距大于60cm 或与墙角、铝窗中挺间距大于18cm）

主要原因：施工单位质量意识淡薄。后果：影响窗框与墙体的连接强度。

3. 射钉未固定在牢固位置

主要原因：混凝土预埋块未放置或放置位置与铝合金门窗窗型不匹配。后果：安装不牢固。

4. 固定件未直接固定在混凝土构件上

主要原因：施工工序不正确。后果：安装不牢固。

5. 门窗扇关闭不严

主要原因：部分门窗限位配件未及时安装，导致门窗无法关闭严密。后果：影响门窗水密性、气密性指标。

6. 土建尺寸偏差

主要原因：土建结构尺寸偏差过大。后果：安装不牢固；存在渗漏隐患。

7. 硅胶施工质量差

主要原因：施工人员专业能力低下导致施工质量较差；硅胶本身质量较差，无法满足施工要求。后果：影响感观效果且存在渗漏隐患。

8. 门窗直接堆放在地面上

主要原因：施工人员质量意思淡薄；场地狭小。后果：门窗喷涂受损，影响观感；若立放角度过小，容易造成门窗变形。

9. 门窗下槛没有保护措施，且受到建筑垃圾污染

主要原因：施工人员成品保护意识薄弱、责任心不强；合同中成品保护措施的条款约定不明确。后果：型材槽口内易积聚建筑垃圾（尤其是水泥砂浆），清除困难，进而影响门窗开启；门窗下槛易在施工中遭到碰撞变形，影响窗扇安装及门窗开启。

10. 五金配件未及时安装，门窗无法关闭

主要原因：施工人员偷懒、配件供应不到位。后果：容易在风雨天造成门窗碰撞损坏及坠落，存在安全隐患。

11. 门窗窗体拼缝存在缝隙

主要原因：门窗质量不过关。后果：存在渗漏隐患。

二、门窗的日常防护

1. 及时检查、修理，确保使用

房屋管理单位或用户应定期进行门窗各部位的检查，以便及时发现问题。

2. 做好预防工作

定期油漆。

三、木门窗的修理

1. 木门窗的常见病害及原因

微课视频：门窗的维修内容

动画视频：门窗的维修内容

（1）木门窗框、扇的变形。变形主要表现在以下几方面：门窗扇发生角变形，甩边下垂，造成开关不灵；门窗扇的平面变形，俗称"翘裂"，多发生在受约束较小的部位；门窗框的弯曲变形，造成门窗开不开，关不上；走扇自开，表现为门窗扇没有外力推动时会自行转动而不能停止。

（2）木门窗腐烂、虫蛀。门窗扇容易腐烂的部位一般在以下几处：门框子紧靠墙面处及扇、框子接近地面部分；凸出的线脚、拼接榫头处；外开门窗的外边梃上部及上冒头；浴室、厨房等经常受潮气及积水影响的地方，门窗易腐烂；采用松木制作的门窗框，是白蚁喜食材料之一，容易被虫蛀。

（3）门窗玻璃或小五金配件残缺破损。主要原因有：门窗使用中维护不够，未及时修补脱落的腻子、油漆；小五金配件丢失或位置不当亦未及时修理；使用门窗不合理，开窗不挂风钩，关窗不上插销，造成震碎玻璃，甚至使榫头松动。

（4）渗水。渗水一般有以下几种情况：外平框子内开门窗、内平框子内开门窗；上部无雨罩、披水板、砖挑护隙口；框子下部无拖水冒头、出水槽等；外开门窗外边梃向外翘曲，关上后叠缝处离上部不密缝；在粉窗盘时，将窗盘粉刷包在框子下冒头上（俗称"咬橙子"），因粉刷砂浆与木框子不可能胶结得密合无缝，当窗台抹面倒泛水或有裂缝产生时，水由缝隙渗入。

2. 木门窗变形的校正

（1）门窗扇倾斜、下垂的校正（通常情况拧紧螺钉即可）。

（2）门窗扇翘曲变形的校正。采用烘烤法、手工校正法、门窗矫正器、冒头肩撑法等方法校正。

四、钢门窗的修理

钢门窗修理时应注意：维修前应先将玻璃拆卸下来；替换的新钢材要先进行防锈处理；维修时若采用焊接方法，则需将焊接接头处的焊渣铲清后再刷防锈漆。

📝 实训任务　外墙面抹灰面层的维修

一、实训目的

外墙面抹灰面层维修实训的目的是培养学生的动手能力，将理论知识与实际操作相结合，使学生了解工程中砌筑工程的基本内涵、基本作用及目的，以及基本操作流程。

此外，通过实训，学生可以掌握抹灰工作的基本技能和方法，包括抹灰工具的认识和使用，墙面处理的基本步骤，石膏砂浆的配制比例和搅拌方法，抹灰施工的基本步骤，以及抹灰质量的验收标准。

二、实训要求

（1）在建筑物的四个大角及所有阳台阳角用 7.5kg 重锤吊垂直通线，控制墙面的垂直度，并定出抹灰层的合理总厚度，然后根据所吊通线确定的控制线打灰饼，灰饼的水平间距和垂直间距为 1.5~2.0m，用 1:2 水泥砂浆抹制，尺寸为 40~60mm。

（2）外墙面抹灰前应充分浇水润湿，待墙面表干内湿时开始抹灰。中层、面层抹灰前均应充分浇水润湿，待表干内湿时开始每层抹灰。

（3）找平抹灰层总厚度（灰饼厚度）控制在 20mm 内，找平层抹灰分三层成活，每层 5~7mm，在前一层终凝后再抹后一层。当厚度超过 20mm 时，应采用加钢丝网等措施进行专项处理。

（4）防水砂浆抹灰工艺要求分三层进行找平抹灰。

（5）用于清水墙、柱表面的砖应棱角整齐、无弯曲裂纹、色泽均匀、规格一致。敲击时声音洪亮，焙烧过火变色、变形的砖可用在基础及不影响外观的内墙上。

（6）采用中砂，使用前用 5mm 孔径的筛子过筛。

（7）弹好轴线、墙身线及检查线。

（8）按设计标高要求立好皮数杆。

三、实训步骤

（1）准备工具和材料，包括铲刀、刮刀、砂浆、水泥、砂子等。

（2）清理墙面。对外墙面进行清理，去除表面的污垢、松散物质，以及开裂、起皮、起鼓等缺陷。

（3）修补缺陷。对于外墙面的开裂、起皮、起鼓等缺陷，使用铲刀和刮刀进行清理和修补。修补材料使用水泥砂浆或水泥石膏混合物。

（4）涂抹底层砂浆。在清理和修补后的外墙面上涂抹底层砂浆，砂浆的配合比为 1∶3（水泥∶砂子），涂抹厚度为 5～8mm。

（5）涂抹面层砂浆。在底层砂浆干燥后，涂抹面层砂浆，砂浆的配合比为 1∶2.5（水泥∶砂子），涂抹厚度为 3～5mm。

（6）养护。在面层砂浆涂抹完成后，对外墙面进行养护，可以使用喷雾器或湿布进行保湿，养护时间为 7～14 天。

（7）清理现场。在养护完成后，清理现场，包括清理掉落的砂浆、刮刀等工具，保持外墙面的整洁。

四、实训时间

4 学时。

五、实训考核

（1）考核对外墙抹灰常见质量问题的识别能力。能够正确识别出外墙抹灰出现的空鼓、开裂、脱落等质量问题，并分析其原因。

（2）考核对外墙抹灰材料的了解程度。了解并掌握各种外墙抹灰材料的性能特点、适用范围及使用方法。

（3）考核对外墙抹灰维修技能的掌握程度。熟练掌握外墙抹灰的维修技能，包括但不限于：局部修补、重新抹灰、防水处理等。

（4）考核维修操作的安全性和规范性。遵守安全操作规程，保证维修操作的安全性；同时，维修操作要符合相关规范和标准，保证维修质量。

（5）考核对维修结果的检查与评估能力。能够对维修结果进行检查和评估，判断其是否符合相关要求和标准，并提出相应的改进建议。

项目小结

（1）一般抹灰指抹水泥砂浆、抹混合砂浆、抹石灰砂浆等。

（2）抹灰层出现损坏一般有自然方面的、施工质量方面的及使用不当等原因。

（3）抹灰装饰面层的常见缺陷和损坏有开裂、空鼓、脱落和爆灰等形式。

（4）抹灰面层的维修应采取下述步骤：使用直观法或敲击法确定抹灰层坏损及修补范围；清底和铲口；抹底层灰；抹罩面灰。

（5）水刷石的修补应采取下述步骤：使用直观法或敲击法确定修补范围并清除破损部位；修补和清洁基层；抹底层灰；抹面层灰。

综合训练题

一、单项选择题（25×2＝50 分）

1. 在砌体墙与剪力墙、柱、梁等不同材质墙体交接处和砂浆抹平的线槽、封堵的洞口等处钉（　　）。

　　A. 水泥钉　　　　B. 钢丝网　　　　C. 木楔　　　　D. 防水对拉螺杆

2. 在墙面甩浆时，先浇水湿润墙面，后甩浆。甩浆量不小于墙面面积的（　　），甩浆后洒水养护至少2天。

　　A. 40%　　　　B. 60%　　　　C. 80%　　　　D. 100%

3. 当基层灰抹完后，要随即用钢锯条沿孔洞的内壁将预留孔洞、配电箱、槽、盒内多余的（　　）刮掉，并清除干净。

　　A. 泥土　　　　B. 电线　　　　C. 塑料管　　　　D. 水泥砂浆

4. 墙面抹灰工程空鼓开裂为抹灰工程质量通病，抹灰完成后，参照质量标准进行检查，然后在（　　）标注。

　　A. 墙上　　　　B. 地上　　　　C. 天花板上　　　　D. 检查日志上

5. 当抹灰施工后发生空鼓时，抹灰空鼓处只能做返工处理。具体方法为：先将空鼓部分凿去，凿除范围为空鼓部位四周扩大（　　），四周凿成方形或圆形，边缘凿成斜坡形。

　　A. 40mm　　　　B. 60mm　　　　C. 80mm　　　　D. 100mm

6. 修补时，先在底面及四周刷素水泥浆一遍，然后分两次用和原面层（　　）材料的1∶2水泥砂浆填补并搓平。

　　A. 高一强度等级　　　　　　　　B. 低一强度等级

　　C. 只要强度符合要求　　　　　　D. 相同

7. 填缝剂半干后，将海绵蘸水，擦掉过剩的（　　），干燥后完成。

　　A. 填缝剂　　　　B. 水分　　　　C. 空气　　　　D. 墙砖

8. 用锤子的木柄轻敲墙砖中心点与四周，将（　　）敲出。

　　A. 泥土　　　　B. 空气　　　　C. 水分　　　　D. 粘胶

9. 当面砖只与黏结层灰脱离产生表层起鼓起壳时，可采用（　　）的方法进行修补。

　　A. 强力胶粘贴　　B. 补救灌浆　　C. 打铆钉　　　　D. 替换法

10. 无论多么靓丽的石材，如果安装工艺不正确，或者在打磨时出现的自身缺陷，又或者随着使用时间的延长，都将出现明裂、暗裂、破损、（　　）、砂眼、石痣、石胆等。

　　A. 生虫　　　　B. 变质　　　　C. 孔洞　　　　D. 渗水

11. 大部分石材问题都是（　　）工艺不正确。

　　A. 施工　　　　B. 安装　　　　C. 泡水　　　　D. 粘贴

12. 大理石是（　　），很容易在形成时夹杂一些其他物质，最后形成石痣、石胆。

　　A. 石灰岩　　　　B. 花岗石　　　　C. 泥土　　　　D. 沉积岩

13. 门窗立口不正的主要原因是（　　）。

　　A. 工人偷懒　　　　　　　　　　B. 配件不到位

　　C. 未及时支付工程款　　　　　　D. 土建结构施工尺寸存在较大偏差

14. 射钉未固定在牢固位置的后果是（　　）。

　　A. 漏水　　　　B. 关不上　　　　C. 不安全　　　　D. 门窗安装不牢固

15. 固定件未直接固定在混凝土构件上的原因是（　　）。

　　A. 工程款不到位　　　　　　　　B. 施工工序不正确

　　C. 施工组织出现间歇　　　　　　D. 现场事故

16. 采用松木制作的门窗框,是( )喜食材料之一,容易被虫蛀。
    A. 白蚁   B. 臭虫   C. 蟑螂   D. 哈士奇
17. ( )表现为门窗扇没有外力推动时会自行转动而不能停止。
    A. 风吹   B. 走扇自开   C. 泡水   D. 掉落
18. 在粉窗盘时,将窗盘粉刷包在框子下冒头上俗称( ),因粉刷砂浆与木框子不可能胶结得密合无缝,当窗台抹面倒泛水或有裂缝产生时,水由缝隙渗入。
    A. 石灰岩   B. 花岗石   C. 泥土   D. 咬橙子
19. 抹灰用的水泥宜为硅酸盐水泥、普通硅酸盐水泥,其强度等级不应小于( )R。
    A. 32.5   B. 32.5   C. 42.5   D. 42.5
20. 抹灰用砂子宜选用( ),砂子使用前应过筛,不得含有杂物。
    A. 细砂   B. 中砂   C. 粗砂   D. 河砂
21. 混凝土表面应凿毛或在表面洒水润湿后涂刷( )水泥砂浆(加适量胶粘剂)。
    A. 1:1   B. 1:2   C. 1:2.5   D. 1:3
22. 加气混凝土应在湿润后边刷界面剂,边抹强度不大于( )的水泥混合砂浆。
    A. M5   B. M10   C. M15   D. M20
23. 门窗框安装前应校正方正,加钉必要拉条避免变形。安装门窗框时,每边固定点不得少于两处,其间距不得大于( )。
    A. 0.3m   B. 0.5m   C. 1m   D. 1.2m
24. 墙面砖铺贴前应进行挑选,并应浸水( )以上,晾干表面水分。
    A. 30min   B. 1h   C. 2h   D. 4h
25. 铺贴前应进行放线定位和排砖,非整砖应排放在次要部位或阴角处。每面墙不宜有两列非整砖,非整砖宽度不宜小于整砖的( )。
    A. 1/4   B. 1/3   C. 1/2   D. 2/3

二、多选题(10×2=20分)

1. 门窗扇关闭不严的后果是( )。
    A. 影响门窗气密性指标   B. 影响门窗造价
    C. 影响门窗美观   D. 影响门窗水密性指标
2. 门窗直接堆放在地面上的后果是( )。
    A. 影响通行   B. 影响观感
    C. 容易造成门窗变形   D. 容易漏水
3. 抹底灰时,底层砂浆每遍厚度5~7mm,应分层与所充筋抹平,并用大杠( ),木抹子搓毛。
    A. 找直   B. 抹匀   C. 打蜡   D. 刮平
4. 抹灰面不平,阴阳角不方正产生的原因是( )。
    A. 吊直不认真   B. 套方不认真
    C. 打灰饼不认真   D. 技术条件限制
5. 墙面抹灰有问题的地方,需注明( )。
    A. 原因   B. 发现时间   C. 经济损失   D. 问题类型
6. 当剪力墙、梁、柱与砌体交接处空鼓且裂缝过大时,先将开裂处抹灰层凿除,四周凿成方形，清理基层，将（　　）的砂浆清除干净。

　　A. 疏松　　　　B. 脱落　　　　C. 变质　　　　D. 松动

7. 在房屋外墙面的装饰中，（　　）等类型的贴面材料已普遍被采用。

　　A. 瓷砖　　　　B. 绿色植物　　C. 面砖　　　　D. 有机材料

8. 常见墙面砖问题有（　　）。

　　A. 长草　　　　B. 灰缝不饱满　C. 变质　　　　D. 空鼓脱落

9. 越高档的大理石，越容易出现（　　）现象。

　　A. 长虫　　　　B. 破裂　　　　C. 破损　　　　D. 断裂

10. 破损修补方向主要有（　　）方法。

　　A. 研磨抛光法　B. 粘贴法　　　C. 固化修补法　D. 外挂法

三、简答题（5×4＝20分）

1. 抹灰层损坏时如何进行维修？
2. 简述镶贴面砖层与底层灰产生脱离时采用挖补法进行维修的过程。
3. 简述"树脂锚固螺栓法"加固修补板材脱落的过程。
4. 简述外墙抹灰工程的施工工艺。
5. 简述大理石面层和花岗石面层的施工工艺流程。

四、案例分析题（1×10＝10分）

　　某物业小区3号楼外墙发现1m²左右的空鼓现象，工程部维修人员查到原设计图样，该墙体为混凝土基体抹水刷石墙面，原做法为：①刷素水泥浆一道（内掺水质量3%～5%的108胶）；②6mm厚1∶0.5∶3水泥石灰膏砂浆打底扫毛或划出纹道；③刷素水泥浆一道（内掺水质量3%～5%的108胶）；④8mm厚1∶1.5水泥石子（小八厘）或厚1∶1.25水泥石子（中八厘）罩面。由于是局部空鼓，灰皮四周与不空鼓底灰皮和基体黏结较牢固，维修人员采用了空鼓凸出灰面铲除修补法，对于空鼓四周底灰面继续观察，暂不处理。

　　请问：1. 该维修人员的处理方法是否得当？（2分）

　　　　　2. 如果采用局部空鼓铲除修补法应注意的事宜是什么？（8分）

项目五　房屋其他项目的维修

学习目标

（1）了解外墙勒脚损坏，以及散水、明沟、室外台阶、坡道的作用。
（2）掌握楼梯踏步保护维修做法，外墙勒脚维修处理，散水常见问题，明沟常见损坏情况。
（3）熟练掌握全部剔凿处理，散水维修，明沟的维修，室外台阶维修，坡道维修。

能力目标

（1）能够正确进行楼梯踏步的保护和维修工作。
（2）能够对外墙勒脚、散水、明沟进行维修处理。
（3）能够进行室外台阶、坡道的维修工作。

素质目标

（1）具备高度的责任感和职业操守，能够认真对待房屋其他项目的维修工作，提高安全意识，遵守安全操作规程。
（2）具备良好的团队协作精神，能够与相关人员紧密合作，共同完成加固与维修任务。
（3）具备创新思维和解决问题的能力，能够不断探索新的加固与维修方法，提高工作效率和质量。

学习任务一　室内楼梯间及外墙勒脚的维修

案例导入 5-1

某高校第一食堂的两个楼梯间发生渗漏，主要渗漏部位为一层的楼梯下的空间，一个是设备间，一个是售卡间。

1. 渗漏情况分析

通过对现场的查勘和分析，发现售卡间渗漏主要是由于窗框密封不严及墙体砂浆开裂所致，设备间渗漏则是因为施工缝不严密，导致从厨房、消毒间等房间顺施工缝渗漏水。

屋面防水工程已经失效，排水能力较差，往往在渗漏点房间上部形成积水，造成积水较高。

2. 维修治理方案

售卡间渗水治理:首先对房间内的地暖管及其他管道进行打压试验,排除管道渗漏原因,然后拆除室内楼梯平台旁边房间地面构造层至防水层,并清理杂物。

设备间渗漏水治理:重新施工缝并确保严密;同时加强对厨房、消毒间等房间的防水处理。

屋面防水工程治理:重新设计并实施屋面防水工程,提高排水能力,避免积水现象的发生;在女儿墙等关键部位加强防水处理,防止渗漏现象的发生。

外墙勒脚维修处理:首先清理勒脚表面的杂物和污垢;然后检查勒脚是否有开裂或损坏的现象,如有需要及时进行修复;最后重新进行外墙防水处理,确保勒脚的防水性能。

3. 维修治理效果

经过上述维修治理方案的实施,该高校的室内楼梯间和外墙勒脚的渗漏问题得到了有效的解决。现场检查发现,原有的渗漏部位已经不再漏水,同时其他部位的防水性能也得到了明显提高。此次维修治理的成功实施,不仅提高了建筑物的使用寿命和安全性能,也保障了师生的正常学习和生活秩序。

请问:如何做好室内楼梯间及外墙勒脚的维修工作?

一、室内楼梯间的维修

室内楼梯间的维修内容包括楼地面、楼梯面层(踢面、踏面)、楼梯栏杆、楼梯间墙面、楼梯间门窗等项目。

微课视频:室内楼梯间的维修

1. 楼梯间主要问题

楼梯间最容易损坏需维修的区域为楼梯踏步,特别是踏步边缘,以清水混凝土踏步问题最为严重。

踏步面层采用水泥砂浆做法,踏步阳角处未做护角条,导致楼梯踏步缺棱、掉角等质量问题较多。

动画视频:室内楼梯间的维修1

2. 踏步损坏维修

(1)将楼梯踏步面层全部剔凿,施工时从顶层开始处理,剔凿完毕后将垃圾装袋清运。

(2)重新弹好标高控制线及楼梯踏步尺寸(几何尺寸),施工期、养护初期要对楼梯间封闭。

3. 室内楼梯间维修的材料

(1)砂:中粗砂或中砂,砂的质量应符合国家现行相关标准的规定。

动画视频:室内楼梯间的维修2

(2)水泥:常温施工采用 32.5 级矿渣硅酸盐水泥或普通硅酸盐水泥,冬期施工采用 32.5 级普通硅酸盐水泥。严禁采用不合格或过期的水泥。

(3)根据每栋楼的踏步尺寸选用 $\phi 6mm$ 的钢筋护角,钢筋表面应光滑平直,使用前进行除锈。

4. 室内楼梯间的维修工器具

(1)水泥砂浆配制:砂浆配合比单(有资质的实验室出具的配合比单)、砂浆搅拌机、磅秤、手推车、铁锹。

（2）作业人员使用工具：铁锹、刮杆、木抹子、铁抹子、水桶、平底鞋、阴阳角抹子、小线。

5. 楼梯间的维修工艺流程

楼梯间的维修工艺流程主要有十个步骤：基层清理，固定踏步护角钢筋，洒水湿润，刷素水泥浆一遍，铺抹水泥砂浆压头遍，第二遍压光，收面，养护，护角钢筋除锈、清理，以及成品保护。

（1）基层清理：踏步板、休息平台与地墙相交的阴角处，要彻底将凿除的水泥砂浆清理干净。

（2）固定踏步护角钢筋：严格按照踏步放线尺寸进行定位，踏步高度和宽度误差不超过5mm，钢筋要直，长度为踏步横向宽度。后续施工过程中应注意保护钢筋护角，防止踩踏、碰撞、造成变形。

（3）洒水湿润：提前一天对楼梯进行洒水湿润，洒水量应足。洒水时应注意墙面的成品保护，防止污染墙面成品。

（4）刷素水泥浆一遍：在清扫湿润后的基层表面，刷一遍水胶比为0.5左右的素水泥浆，要随铺砂浆随刷，防止出现风干现象。

（5）铺抹水泥砂浆压头遍：铺抹水泥砂浆时用木抹子赶铺拍实，然后搓平，注意阴阳。

（6）第二遍压光：待水泥砂浆凝结，人踩上去有脚印但不下陷时，用铁抹子压第二遍。要求不漏压，阴阳角应横平竖直。

（7）收面：水泥砂浆终凝前进行第三遍压光，人踩上去稍有脚印，抹子抹上去不再有抹纹时，用铁抹子把第二遍压光留下的抹子纹压平、压实、压光，压光时间应控制在终凝前完成。

（8）养护：踏步面层压光交活后，第二天应及时洒水养护，养护期内不允许压重物和碰撞。

（9）护角钢筋除锈、清理：养护期结束后，用细砂纸对护角钢筋除锈，然后将楼梯踏步清理干净。

（10）成品保护：面层完成后及时将楼梯入口封闭，防止破坏踏步面层。待面层达到设计强度后方可上人。

6. 局部剔凿处理

（1）将踏步阳角处有缺棱掉角的面层（平面和里面）凿除70mm左右，将剔除的面层袋装后清理。

（2）重新弹好标高控制线及楼梯踏步尺寸（几何尺寸），施工期、养护初期要对楼梯间进行封闭。

（3）工艺流程同全部剔凿处理的工艺流程，但应注意面层接槎处的处理。处理时应防止接槎处的裂缝产生，施工时应通过试配确定合理的108建筑胶用量。完活后应及时养护，保证面层的强度。

7. 修补缺棱掉角处

（1）基层清理：提前一天把楼梯踏步所有各面上的尘粒、砂浆块等清理干净，若修补的部位有油污时，用5%～10%的火碱溶液清洗干净，并将要修补的部位洒水湿润。

（2）刷结合层一道或涂刷108建筑胶水一道，棱角两侧至少刷宽50mm。

（3）抹乳液灰浆底层：用小铁抹子将经过加水稀释的乳液与水泥拌和，稠度适宜即可，用抹子补在缺陷部位并压实。

（4）抹护角面层：用抹子将乳液灰浆抹平压实抹光，并且用 50mm 左右的毛刷或排笔蘸水，将棱角的立平面的结合处涂刷后压实赶光。

（5）养护：压实抹光应做好养护工作，养护时间不得低于 24h。

8. 安装角钢明护角

（1）施工准备。

1）在安装楼梯踏步角钢护角前，对原有的水泥砂浆面层踏步进行处理，将面层尘粒及油污清理干净。

2）楼梯踏步护角角钢制作：楼梯踏步护角角钢使用∠30×3 制作，根据现场尺寸制作角钢时将每根角钢切割成长 1000mm；将切割好的角钢边缘用砂轮打磨平整。

（2）安装角钢明护角。

1）将加工好的角钢护角，使用砂纸打磨后及时涂刷防腐涂料，待防腐涂料完全干燥后开始安装角钢护角。

2）使用植筋胶或瓷砖专用胶粘剂安装角钢明护角，黏结时采用满粘法，将挤出角钢护角的植筋胶及时清理干净。

3）护角安装好后，应使用水准尺进行找平，保证护角的平整度。

4）安装好后及时将楼梯进行封堵，防止人员踩踏，造成角钢护角晃动，待植筋胶达到强度后，方可上人。

9. 安装 PVC 防滑阳角护角

（1）施工准备。

1）在安装楼梯踏步 PVC 防滑护角前，对原有的水泥砂浆面层踏步进行处理，将面层尘粒及油污清理干净。

2）准备好固定 PVC 护角的胶粘剂，应保证胶粘剂的有效，使用的胶粘剂应通过现场抽样取样，保证安装质量。

（2）安装 PVC 阳角护角。

1）使用胶枪将胶粘剂打在清理干净的楼梯踏步面层，应保证打胶均匀。

2）将成品阳角护角整齐按压在楼梯边缘，同时应对阳角条进行找平，保证施工质量。

3）使用橡皮锤锤击黏结处，胶粘剂的黏结强度为 24~72h，期间应保证减少触碰。

4）及时封闭楼梯保证阳角护角不受扰动。

二、外墙勒脚的维修

1. 外墙勒脚的损坏情况

外墙勒脚的损坏一般为抹灰面层出现局部裂缝、整体开裂、局部粉质剥落、面层整体滑落、受撞或其他外力作用后变形等。

2. 外墙勒脚的维修

（1）外墙勒脚因施工质量或雨水侵入、勒脚产生的局部裂缝的修理。

（2）对于勒脚采用一般抹灰（抹水泥砂浆、抹混合砂浆、抹石灰砂浆等）面的局部粉质剥落、面层整体滑落的修补，主要先进行清底和铲口，之后进行抹底层灰，最后抹罩面灰（待底层灰用手按无手印时就可以抹灰罩面；罩面灰尽量与原抹灰层用料相同，颜色一致，面层灰应与原抹灰面取平，并在接槎处压光成一体）。

（3）勒脚采用装饰抹灰面（水刷石、干粘石、斩假石等）的修补方法可参照墙面水刷石面层的修补方法，但要注意的是清底并水浇基层后，要刷一层素水泥浆后再按水刷石、干粘石、斩假石（剁斧石）等的施工方法进行作业即可。

（4）勒脚采用大理石、花岗石、蓝田玉、汉白玉板等块料镶贴的维修。大理石或花岗石等装饰面板粘贴固定用的钢筋或绑扎的钢丝锈蚀时，或因碰撞等原因造成装饰面石板材的开裂和剥落现象，进行修补一般采取的方法有：板材破裂时，可用环氧树脂或502号胶黏结修补；板材剥落时，采用"树脂锚固螺栓法"进行加固。

"树脂锚固螺栓法"的主要内容有：

1）按事先放线的定位尺寸沿维修墙面钻孔，一般要求每平方米钻8～14个孔，且保证每块板材不少于4个孔。钻孔时钻头要向下成15°倾角，以防止浆液外流，钻孔深度要求钻入基层灰30mm以上。

2）孔洞清灰后应立即用树脂枪把配制的环氧树脂浆灌满孔，然后放入锚固螺栓（锚固螺栓应先除锈，螺栓直径应小于孔径2～4mm）。

3）锚固、封口。灌孔后2～3天，即可进行螺栓锚固，然后采用108胶白水泥浆掺颜料封板材洞口，使颜色与面砖表面接近一致。

4）勒脚镶贴的板材出现大面积坏损时，应拆除重贴，施工方法要按大理石、花岗石板材镶贴的施工工艺要求进行镶贴修补。

学习任务二　散水及明沟维修

案例导入 5-2

某小区的散水和明沟出现了损坏和渗漏现象，需要进行维修。

1. 维修情况分析

（1）散水损坏情况。散水表面出现了裂缝和破损，部分地方出现了下沉和变形。

（2）明沟渗漏情况。明沟的盖板出现了损坏，部分地方出现了渗漏现象，同时明沟内的水流不畅，容易积水。

2. 维修治理方案

（1）散水维修。首先清理散水表面的杂物和污垢，对裂缝和破损的地方进行修补，用水泥砂浆或者专业的修补材料进行填充和抹平。对下沉和变形的地方，重新夯实土壤并敷设散水。

（2）明沟维修。清理明沟内的杂物和污垢，更换损坏的盖板，用防水材料进行密封处理。对渗漏的地方进行修补，使用专业的防水材料进行涂抹或者敷设防水卷材。同时加强明沟的排水能力，清理明沟内部的沉积物或者增加排水口，确保水流顺畅。

3. 维修治理效果

经过上述维修治理方案的实施，该小区的散水和明沟问题得到了有效的解决。现场检查发现，原有的损坏和渗漏部位已经得到了修复，其他部位的防水性能也得到了明显提高。此次维修治理的成功实施，不仅提高了建筑物的使用寿命和安全性能，也保障了居民的正常生活秩序。

请问：如何在不影响居民生活的情况下协调做好维修工作？

一、散水的维修内容

1. 散水的含义及做法

为保护墙基不受雨水的侵蚀，常在外墙四周将地面做成向外倾斜的坡面，称散水或护坡。散水指靠近勒脚下部的水平排水坡。一般坡度为3%～5%。一般散水宽度为600～1000mm。

散水的做法通常是在基层土壤上现浇混凝土或用砖、石铺砌，水泥砂浆抹面。勒脚与散水交接处应留有缝隙（变形缝）。用粗砂或米石子填缝，沥青胶盖缝，以防渗水。散水整体面层纵向距离每隔6～12m做一道伸缩缝，缝内处理同勒脚与散水相交处。

2. 散水常见问题

（1）散水分隔缝大于10m，出现自然裂缝。

（2）墙体勒脚损坏。

（3）散水过长，出现不规则裂缝。散水和建筑之间也缺少缝隙处理。雨水管缺少弯头及水簸箕。

（4）散水缝处有杂草。

3. 散水的维修

施工顺序：拆除面层—拆除混凝土垫层—基层清理—回填灰土—找平压实—混凝土垫层并找平—养护—垫层清理—面层贴砖。

（1）原有面层、保护层、垫层的拆除，在拆除过程中应注意保护环境，应边洒水边拆除，并将有用材料按堆摆放，无用的及时清除，决不浪费。

（2）将结构层上面的松散杂物清扫干净，洒水湿润。

（3）抹找平层水泥砂浆前，应适当洒水湿润基层表面，主要是有利于基层与找平层更好的结合，但不要洒水过量，以免影响找平层表面的干燥。根据坡度要求拉线找坡，一般在1～2m贴灰饼，抹灰时先按流水方向间距1～2m冲筋，并设置找平层分割缝。按分隔快装灰，铺平，用刮杠靠冲筋条刮平，找坡后用木抹子抹平，铁抹子压光。

（4）找平层压实后24h可洒水养护。

（5）找平层清理：施工前先将验收合格的基层清理干净。

（6）保护层施工：平面做水泥砂浆或细石混凝土保护层，抹水泥砂浆后铺贴面砖。

二、明沟的维修内容

1. 明沟概述

在外墙四周，将通过雨水管流下的屋面雨水等有组织地导向地下集水口，从而流入下水道。明沟是在外墙四周或散水外缘设

微课视频：明沟的维修内容

动画视频：明沟的维修内容

置的排水沟。沟底应有不小于1%的坡度。明沟通常采用素混凝土浇筑，也可用砖、石砌筑，并用水泥砂浆抹面。

2. 明沟的常见问题

明沟常见问题主要有明沟盖板损坏和明沟出现裂缝漏水等。

3. 明沟维修

明沟盖板损坏时，只能更换盖板，盖板通常都是不固定式盖板，直接清理破损盖板，然后放置新盖板即可。明沟多处损坏渗漏，明沟现浇沟底彻底损坏时，则需重新浇筑明沟。先安装引水管，施工完成后将水引流至管内，使现有明沟形成干燥环境，方可开始明沟维修施工。具体施工步骤为清理排查、凿毛、混凝土明沟浇筑及聚氨酯防水涂料施工。

（1）清理排查。清理明沟内杂物、淤泥，清理完成后采用C25混凝土对排查中发现的孔洞、裂缝进行填塞封堵，封堵工作完成且混凝土强度满足要求后方可开始下步工序施工。

（2）凿毛。所有新、旧混凝土结合面均需进行凿毛处理，凿毛必须彻底全面，凿毛完成后及时清理仓面。

（3）混凝土明沟浇筑。

1）明沟一般采用C25混凝土，施工时应一次浇筑成型，如因现场条件限制不能一次成型的，先浇筑沟底再进行两侧沟帮浇筑，并对施工缝位置进行防渗处理。

2）明沟截面尺寸可根据现场实际地形调整，但应满足过水需要，沟底厚度为400～600mm，沟帮厚度为200mm，沟帮高度为800mm，排水坡度根据实际地形确定，但落差过大位置应设置跌水。

（4）聚氨酯防水涂料施工。混凝土明沟施工完成后，对所有过水面进行防水涂刷，材料采用聚氨酯防水涂料，防水施工涂刷分两道进行。第一道施工必须做到全面细致无遗漏，要求基面平整、干净、无起砂、松动。施工时应先涂一层底胶，底胶必须均匀。底胶固化后，进行第二次涂刷，涂刷方向必须与前一次垂直交叉，防止漏刮，依次涂刷3～5次。完工后，防水层未固化前，不得上人，不得进行下道工序，以免破坏防水层。

学习任务三　　室外台阶及坡道维修

案例导入 5-3

某居民在社区通议事厅平台上发布了一条议题，反映楼道前的台阶和坡道破损严重，影响居民日常出行，并且存在安全隐患。居委会工作人员发现后，立即与物业工作人员到实地查看。经调查发现，该小区的249号楼道口台阶开裂严重，周边还有碎石，对居民出行造成很大的不便和安全隐患。

1. 维修情况分析

经过进一步的排查，发现该小区共有16个楼道存在台阶和坡道开裂破损的情况。这些问题主要是年久失修、磨损和风化导致的。为了确保居民的安全出行，必须尽快对这些破损的台阶和坡道进行维修。

2. 维修治理方案

居委会立即牵头召开联席会议，商讨解决方案。会上，物业公司表示将尽快联系施工队进行修复工作。根据破损程度的不同进行分类修补。对于局部破损的地方进行修缮，而对于破损严重的地方则进行重建。这样可以节省成本并缩短工期。同时，为了确保维修质量，物业公司还将加强现场管理和监督。

3. 维修治理效果

经过三天的紧张施工，16 个破损的台阶和坡道全部修复完成。此次维修治理的成功实施，不仅解决了居民的实际问题，也提升了小区的整体形象和安全性能。

为了确保类似问题不再发生，居委会还将加强日常巡查工作，及时发现并解决问题。同时，也将加强与物业公司的沟通和协作，共同为居民创造一个安全、舒适、宜居的生活环境。

请问：如何在不影响居民生活的情况下协调做好维修工作？

一、室外台阶的维修内容

1. 室外台阶形式及设计要求

（1）形式。室外台阶形式主要有三面踏步式，单面踏步带垂带石、方形石、花池等形式。大型公共建筑还常将可通行汽车的坡道与踏步结合，形成壮观的大台阶。

（2）设计要求。室外台阶形式的设计要求是坚固耐磨，具有较好的耐久性、抗冻性和抗水性。

2. 室外台阶构造

台阶由踏步和平台两部分组成。台阶的坡度比楼梯小，通常踏步高度为 100～150mm，踏步宽度为 300～400mm。

（1）平台。位于出入口与踏步之间，起缓冲作用。深度一般不小于 900mm，平台表面宜比室内地面低 20～60mm，并向外找坡 1%～3%。

（2）室外台阶构造层次。

1）结构层：混凝土台阶、石台阶、钢筋混凝土台阶、砖台阶等，其中混凝土台阶应用最普遍。

2）面层：材料为水泥砂浆、水磨石或缸砖、马赛克、天然石或人造石等块材，条石台阶不须另做面层。

3）垫层：材料可采用灰土、三合土或碎石等。

3. 室外台阶常见损坏形式

室外台阶的常见损坏形式为：由于台阶基层未处理好造成的整体下沉或局部下沉（俗称"掉角"）；台阶面层破裂等。

4. 室外台阶维修

（1）平台向主体倾斜，造成平台的倒泛水或某些部位开裂等，解决方法主要是：

1）加强房屋主体与台阶之间的联系，以形成整体沉降。

2）将台阶和主体完全断开，加强缝隙节点处理。

3）采用换土法处理台阶的抗冻变形。

（2）面层破裂。面层破裂的解决方法是将破损部分用水泥砂浆重新粉刷。

（3）整体下沉破裂。整体下沉破裂需重新修建室外台阶，以重新修建石材台阶为例，主要施工技术措施是基层处理、弹线、预铺、铺贴及擦缝。

1）基层处理。石材施工前将地面基层上的原有台阶、落地灰、浮灰等杂物细致地清理干净，并用钢丝刷或钢扁铲清理，施工前要对地面刷一道水泥浆结合层。基层处理应达到施工条件的要求，考虑到装饰厚度的需要，在正式施工前用清水湿润地面但不应有积水。

2）弹线。在场地的中心弹十字控制线，用以检查和控制石材板块的位置，十字线可以弹在地面上并一直到墙面底部。在地面弹出十字线后，并根据石材规格在地面弹出石材分格线。

3）预铺。首先应该按照图样设计要求对石材的颜色、纹理、几何尺寸、表面平整度等进行严格挑选，然后按照图样要求预铺。对于预铺中可能出现的误差进行调整、交换，直至达到最佳效果。注意浅色石材及密度较小的石材应该在其背面和所有侧面涂刷隔离剂，以防止石材铺装时吸水而影响其表面美观。

4）铺贴。

①结合层：在铺装砂浆前对基层清扫干净后，用喷壶洒水湿润、刷素水泥浆（水胶比为0.5左右，做到随刷随铺）。

②铺砂浆层：在地面上按照水平控制线确定找平层厚度，并用十字线纵横控制，石材镶贴应采用1∶4（或1∶3）干硬性砂浆经充分搅拌均匀后再施工（要求砂浆的干硬度以手捏成团不松散为宜），把已搅拌好的干硬性砂浆铺到地面，用灰板拍实，注意砂浆铺设宽度应超过石材宽度1/3以上，并使砂浆厚度高出水平标高3~4mm，砂浆厚度控制在30mm。

③铺装石材：铺装前将板预先浸润后阴干备用，先进行试铺，对好纵横缝，用橡皮锤敲击垫木板（不得用橡皮锤直接敲击石材板面），振实砂浆至铺设高度后，将板移至一旁，检查砂浆上表面与板块之间是否吻合，如有空虚之处应填补干硬性砂浆，然后正式铺装。在砂浆层上满浇一层水胶比为0.5的素水泥浆结合层，安放时要四角同时往下落，用橡皮棒或木槌轻击木板，用水平尺控制铺装标高，然后按顺序镶铺。

④接缝要求：石材板块铺装时接缝要严密，一般不留缝隙。

5）擦缝。在铺装完成后1~2昼夜进行灌浆勾缝。依据石材的颜色在水泥浆内添加同颜色的矿物颜料并均匀调制成1∶1稀水泥浆，用浆壶将稀水泥浆分次灌入缝隙内或者用干水泥拌和色粉擦缝。完成后及时将石材板面的水泥浆用棉丝清理干净后加以保护。

二、坡道的维修内容

1. 坡道分类

坡道是连接高差地面或者楼面的斜向交通通道以及门口的垂直交通和属相疏散措施。按其用途的不同可分为行车坡道和轮椅坡道两类。

微课视频：坡道的维修内容

2. 坡道的尺寸和坡度

（1）坡道的坡度一般为1/6~1/12。

（2）面层光滑的坡道，坡度不宜大于1/10。

（3）粗糙材料和设防滑条的坡道，坡度可稍大，但不应大于1/6。

（4）锯齿形坡道的坡度可加大至1/4。

(5) 坡度为 1/10 的坡道较为舒适。

(6) 对于残疾人通行的坡道，其坡度不大于 1/12，与之相匹配的每段坡道的最大高度为 750mm，最大水平距离为 9000mm。

3. 坡道要求及构造

坡道应采用耐久、耐磨和抗冻性好的材料，一般多采用混凝土坡道，也可采用天然石坡道等。

坡道的防滑要求较高，大于 1/8 的坡道需做防滑设施，可设防滑条，或做成锯齿形（统称疆磜），天然石坡道可对表面做粗糙处理。

4. 坡道常见损坏形式

坡道常见的损坏形式表现为：由于坡道基层未处理好造成的坡道整体下沉，或坡道面层破裂等。

5. 坡道维修

（1）坡道向主体倾斜，造成坡道和主体的倒泛水或某些部位开裂。

其解决方法主要有：

1) 加强房屋主体与坡道之间的联系，以形成整体沉降。

2) 将坡道和主体完全断开，加强缝隙节点处理。

3) 采用换土法处理坡道抗冻变形。

（2）面层破裂。面层破裂的解决方法是将破损部分用水泥砂浆重新粉刷。

（3）整体下沉破裂。整体下沉破裂需重新修建室坡道，重新修建石材坡道放入主要施工技术措施有：

1) 基层处理。石材施工前将地面基层上的原有坡道、落地灰、浮灰等杂物细致地清理干净，并用钢丝刷或钢扁铲清理，施工前要对地面刷一道水泥浆结合层。基层处理应达到施工条件的要求，考虑到装饰厚度的需要，在正式施工前用清水湿润地面但不应有积水。

2) 弹线。在场地的中心弹十字控制线，用以检查和控制石材板块的位置，十字线可以弹在地面上并一直到墙面底部。在地面弹出十字线后，根据石材规格在地面上弹出石材分格线。

3) 预铺。首先应该按图样设计要求对石材的颜色、纹理、几何尺寸、表面平整度等进行严格挑选，然后按照图样要求预铺。对于预铺中可能出现的误差进行调整、交换，直至达到最佳效果。注意浅色石材及密度较小的石材应该在其背面和所有侧面涂刷隔离剂，以防止石材铺装时吸水而影响其表面美观。

4) 铺贴。

①结合层：在铺装砂浆前对基层清扫干净后用喷壶洒水湿润、刷素水泥浆（水胶比为 0.5 左右，做到随刷随铺）。

②铺砂浆层：在地面上按照水平控制线确定找平层厚度，并用十字线纵横控制，石材镶贴应采用 1:4（或 1:3）干硬性砂浆经充分搅拌均匀后进行施工（要求砂浆的干硬度以手捏成团不松散为宜），把已搅拌好的干硬性砂浆铺到地面，用灰板拍实，注意砂浆铺设宽度应超过石材宽度 1/3 以上，并使砂浆厚度高出水平标高 3~4mm，砂浆厚度控制在 30mm。

③铺装石材：铺装前将板预先浸润后阴干备用。先进行试铺，对好纵横缝，用橡皮锤敲击垫木板（不得用橡皮锤直接敲击石材板面），振实砂浆至铺设高度后，将板移至一旁，检

查砂浆上表面与板块之间是否吻合,如有空虚之处应填补干硬性砂浆,然后正式铺装。在砂浆层上满浇一层水胶比为0.5的素水泥浆结合层,安放时要四角同时往下落,用橡皮锤或木槌轻击木板,用水平尺控制铺装标高,然后按顺序镶铺。

④接缝要求:石材板块铺装时接缝要严密,一般不留缝隙。

5)擦缝。在铺装完成后1~2昼夜进行灌浆勾缝。依据石材的颜色在水泥浆内添加同颜色的矿物颜料并均匀调制成1:1稀水泥浆,用浆壶将稀水泥浆分次灌入缝隙内或者用干水泥拌和色粉擦缝。完成后及时将石材板面的水泥浆用棉丝清理干净后加以保护。

实训任务 房屋其他项目的维修调查实训

一、实训目的

通过对某物业项目中房屋其他项目的维修现状查勘,进行房屋其他项目的维修现状调查报告的撰写。

二、实训要求

(1)收集某物业小区房屋建筑其他项目情况,填写房屋的其他项目概况表。

(2)对该房屋其他项目进行详细查勘,确定维修现状。

(3)根据房屋其他项目查勘维修情况,提出维修现状的问题,对房屋其他项目提出相应的维修方案。

三、实训步骤

(1)准备查勘的某物业小区房屋建筑其他项目的资料。

(2)分组针对房屋的其他项目部分,如外墙其他项目,门窗其他项目等进行实地现场调查。

(3)分组对房屋其他项目维修调查情况对应填写维修现状调查相关表。

(4)分组对某物业小区房屋建筑其他项目的维修现状概况、调查提出的问题,提出其他项目的维修方案及完成相关报告。

四、实训时间

4学时。

五、实训考核

(1)考核组织。将学生分组,由指导教师进行考核。

(2)考核内容与方式。小组对房屋其他项目的查勘后提出维修现状的问题,并完成相应的维修方案等,由指导教师进行考核评分。

项目小结

(1)房屋其他项目的维修包括外墙勒脚、散水和明沟、室外台阶、坡道、室内楼梯间相关设施(包括楼梯面层与楼梯栏杆、楼梯间墙面、楼梯间门窗)及进户电子门等内容。

(2)楼梯间的维修工艺流程主要有十个步骤:基层清理,固定踏步护角钢筋,洒水湿润、刷素水泥浆、铺抹水泥砂浆压头遍、第二遍压光、收面、养护、护角钢筋除锈清理，以及成品保护。

（3）外墙勒脚应根据水泥砂浆或水刷石做装饰面层、墙面砖面层、块料面层等不同情况采取相应的维修方法。

（4）室外散水和室外台阶及坡道的常见损坏现象有：因基层不牢固造成散水坡下沉或北方地区的冻胀造成散水坡局部破裂等。

（5）室外散水施工顺序：拆除面层—拆除混凝土垫层—基层清理—回填灰土—找平压实—混凝土垫层并找平—养护—垫层清理—面层贴砖。

（6）明沟维修施工步骤为清理排查、凿毛、混凝土明沟浇筑及聚氨酯防水涂料施工。

（7）室外台阶的常见损坏表现为：由于台阶基层未处理好造成的整体下沉或局部下沉（俗称掉角）；台阶面层破裂等。

（8）整体下沉破裂需重新修建室外台阶，以重新修建石材台阶为例，主要施工技术措施是基层处理、弹线、预铺、铺贴及擦缝。

（9）坡道的常见损坏表现为：由于坡道基层未处理好造成的坡道整体下沉或坡道面层破裂等。

综合训练题

一、单项选择题（25×2＝50分）

1. 楼梯间最容易损坏、需维修的区域为（　　），特别是踏步边缘，以清水混凝土踏步问题最为严重。
   A. 扶手　　　　　B. 墙面　　　　　C. 楼梯踏步　　　D. 天花板
2. 固定踏步护角钢筋：严格按照踏步放线尺寸进行定位，踏步高度和宽度误差不超过（　　），钢筋要直，长度为踏步横向宽度。后续施工过程中应注意保护钢筋护角，防止踩踏、碰撞造成变形。
   A. 5mm　　　　　B. 10mm　　　　　C. 15mm　　　　　D. 20mm
3. 成品保护：面层完成后及时将楼梯入口封闭，防止破坏踏步面层。待面层达到（　　）强度后方可上人。
   A. 合理　　　　　B. 设计　　　　　C. 使用　　　　　D. 最终
4. 抹罩面灰：待底层灰用手按无手印时就可以抹灰罩面。罩面灰尽量与原抹灰层用料相同，颜色一致，面层灰应与原抹灰面取平，并在（　　）处压光成一体。
   A. 新旧分界　　　B. 变色　　　　　C. 接茬　　　　　D. 裂缝
5. 勒脚镶贴的板材出现大面积坏损时，应（　　），施工方法要按大理石、花岗石板材镶贴的施工工艺要求进行镶贴修补。
   A. 拆除重贴　　　B. 电焊　　　　　C. 胶粘　　　　　D. 不予管理
6. 板材破裂时，可用（　　）或502号胶粘接修补。
   A. 环氧树脂　　　B. AB胶　　　　　C. 透明胶带　　　D. 电焊
7. 散水坡度一般为（　　）。

A. 3%~5% B. 4%~5% C. 3%~6% D. 4%~6%

8. 靠近勒脚下部的水平排水坡叫作（　　）。
   A. 泥土 B. 空气 C. 水分 D. 散水

9. 散水的做法通常是在基层土壤上现浇混凝土或用砖、石铺砌，（　　）抹面。
   A. 强力胶 B. 沥青 C. 水磨石 D. 水泥砂浆

10. 明沟沟底应有不小于（　　）的坡度。
    A. 1% B. 2% C. 3% D. 4%

11. 明沟通常采用素混凝土浇筑，也可用砖、石砌筑，并用（　　）抹面。
    A. 沥青 B. 膨胀胶 C. 水泥砂浆 D. 防水涂膜

12. 明沟盖板损坏时，只能更换盖板，盖板通常都是不固定式盖板，直接清理破损盖板，然后放置（　　）即可。
    A. 井盖 B. 新盖板 C. 警示标志 D. 塑料板

13. 大型公共建筑还常将可通行汽车的坡道与踏步结合，形成壮观的（　　）。
    A. 门厅 B. 绿化环境 C. 大台阶 D. 喷泉

14. 室外台阶的常见损坏表现为：由于台阶（　　）未处理好造成的整体下沉或局部下沉（俗称掉角）；台阶面层破裂等。
    A. 步数 B. 基层 C. 高度 D. 重量

15. 弹线：在场地的中心弹（　　）控制线，用以检查和控制石材板块的位置。
    A. 十字 B. 一字 C. 工字 D. 丁字

16. 室外门前为了便于车辆进出，室内地坪高差不大，常做（　　）。
    A. 坡道 B. 台阶 C. 楼梯 D. 电梯

17. 天然石坡道可对表面做（　　）处理。
    A. 打蜡 B. 粗糙 C. 打磨 D. 润滑

18. 坡道抗冻变形的处理是采用（　　）。
    A. 校正法 B. 加热法 C. 加水法 D. 换土法

19. 室外楼梯间常温维修施工一般采用（　　）级矿渣硅酸盐水泥或普通硅酸盐水泥。
    A. 29.5 B. 31.5 C. 32.5 D. 33.5

20. 严格按照踏步放线尺寸进行定位，踏步高度和宽度误差不超过（　　）。
    A. 2mm B. 5mm C. 8mm D. 10mm

21. 把已搅拌好的干硬性砂浆铺到地面，用灰板拍实，应注意砂浆铺设宽度应超过石材宽度以上（　　）。
    A. 1/5 B. 1/4 C. 1/3 D. 1/2

22. 散水维修找平层压实后（　　）可洒水养护。
    A. 8h B. 12h C. 18h D. 24h

23. 坡度为（　　）的坡道较为舒适。
    A. 1/2 B. 1/5 C. 1/10 D. 1/15

24. 坡道防滑要求较高，大于（　　）的坡道需做防滑设施，可设防滑条，或做成锯齿形。
    A. 1/2 B. 1/4 C. 1/6 D. 1/8

25. 铺砂浆层时砂浆厚度控制在（　　）。
    A. 10mm　　　　B. 20mm　　　　C. 30mm　　　　D. 40mm

二、多选题（10×2＝20分）

1. 坡道按其用途的不同可分为（　　）两类。
    A. 人行坡道　　B. 行车坡道　　C. 装饰坡道　　D. 轮椅坡道
2. 坡道的常见损坏表现为：由于坡道基层未处理好造成的（　　）等。
    A. 坡道不美观　　　　　　　　B. 坡道整体下沉
    C. 坡道抗冻性差　　　　　　　D. 坡道面层破裂
3. 室外台阶的设计要求有（　　）。
    A. 气密性　　　B. 耐久性　　　C. 抗水性　　　D. 抗震性
4. 垫层材料可采用（　　）等。
    A. 灰土　　　　B. 三合土　　　C. 碎石　　　　D. 垃圾土
5. 需全部剔凿处理的使用材料有（　　）。
    A. 泥土　　　　B. 杂草　　　　C. 水泥　　　　D. 砂
6. 属于踏步维修工艺流程的是（　　）。
    A. 护角钢筋除锈清理　　　　　B. 第二遍压光
    C. 收面　　　　　　　　　　　D. 技术条件
7. 勒脚采用一般抹灰（抹水泥砂浆、抹混合砂浆、抹石灰砂浆等）面（　　）的修补。
    A. 人为故意破坏　　　　　　　B. 局部粉质剥落
    C. 经济损失　　　　　　　　　D. 面层整体滑落
8. 外墙勒脚的损坏一般为抹灰面层出现（　　）局部粉质剥落、面层整体滑落、受撞或其他外力作用后变形等。
    A. 疏松　　　　B. 脱落　　　　C. 整体开裂　　D. 局部裂缝
9. 为保护墙基不受雨水的侵蚀，常在外墙四周将地面做成向外倾斜的坡面，称（　　）。
    A. 护坡　　　　B. 散水　　　　C. 墙角　　　　D. 明沟
10. 原有（　　）的拆除，在拆除过程中应注意保护环境，应边洒水边拆除，并将有用材料按堆摆放，无用的及时清除。决不浪费。
    A. 装饰物　　　B. 垫层　　　　C. 保护层　　　D. 面层

三、简答题（5×4＝20分）

1. 楼板层的排水、防水措施有哪些？
2. 楼梯主要由哪些部分组成？各部分的作用和要求是什么？
3. 当楼梯底层中间平台下做通道而平台净高不满足要求时，常采取哪些办法解决？
4. 室外台阶的构造要求是什么？通常有哪些做法？
5. 简述残疾人坡道的设计要求。

四、案例分析题（1×10＝10分）

某小区楼梯在使用过程中出现了多处破损和老化问题，需要进行维修和改造。

楼梯的破损和老化主要表现在以下几个方面：①楼梯台阶的表面磨损和裂缝较多，存在安全隐患；②楼梯扶手的松动、断裂等现象比较严重，使用不便；③楼梯地面的防滑效果不佳，易导致行人滑倒。

现有解决方案：①对于楼梯台阶的表面磨损和裂缝问题，采用水泥修补或更换新的台阶；②对于楼梯扶手松动、断裂等问题，更换新的扶手或进行加固处理；③对于楼梯地面防滑效果不佳的问题，进行防滑处理或更换新的地板材料。

请问：1. 根据现有解决方案确定合适的维修过程。（5分）

2. 维修期间与业主沟通有哪些技巧？（5分）

项目六 房屋设备的维修

学习目标

（1）了解房屋设备的日常维修养护（保养），离心给水泵的故障和排除，室外排水管道常见故障和维修，瓷脸盆、浴盆、拖布盆等的常见故障和维修，采暖系统漏水、跑水故障的排除。

（2）掌握房屋设备维修工程分类，室内排水管道常见故障和维修，大便器及大便器水箱常见故障和维修，热水采暖系统的故障与维修。

（3）熟悉房屋设备的分类；掌握给水管道的检查及维修，建筑电气照明系统的维修，防雷装置的维修。

能力目标

（1）能列表归纳房屋设备工程的分类，培养利用图表确定房屋设备种类的能力。

（2）具有运用房屋给水排水设备检查与维修的相关知识，进行房屋给水排水设备故障原因分析与选择维修方法的能力。

（3）具有运用采暖及电气设备维修的相关知识，进行房屋采暖及电气设备故障原因分析与选择维修方法的能力。

（4）通过完成实训任务，培养合作意识和创新性思维能力。

素质目标

（1）在学习过程中培养学生职业理想，具有勇往直前，乐观向上的态度。

（2）培养学生环保及安全意识，具有分析"水暖电"相关设备故障的能力。

（3）在调查房屋"水暖电"设备的维修技术及其运用状况的实训环节中，培养学生职业道德与爱岗敬业精神，培养学生的团队协助、团队互助等意识。

（4）通过实训小组营造团队协作的气氛；培养表达等基本语言能力。

学习任务一　房屋设备认知

案例导入 6-1

2023 年 12 月 30 日，住房和城乡建设部发布通知，要求各地全力抓好 2024 年元旦春节

项目六　房屋设备的维修

期间安全防范工作，坚决防范和遏制重特大事故发生。

通知要求，聚焦重点风险领域、关键环节开展隐患排查，切实提高风险隐患排查整改质量，严查密防各类风险隐患，严格落实各项安全管控措施。加强城市市政公用设施安全管理。针对可能出现的极端低温天气，督促城市供热、供水、排水和污水处理、垃圾处理等单位加强设施设备运行安全巡查与维护。做好城市公园、动物园等场所安全隐患排查，督促城市公园做好中大型游乐设施、客运索道、体育健身设备等安全运行。

通知强调，加强自建房、农房安全常态排查，发现隐患第一时间告知房屋产权人和使用人，督促其主动采取解危措施。督促物业服务企业加强对物业管理区域内共有部位和共用设施设备的维修、养护、管理。强化房屋市政工程施工安全风险防控。紧盯塔式起重机顶升及降节、深基坑高切坡土方作业、模板支撑体系和脚手架工程搭设及拆除、大体积混凝土浇筑作业和隧道暗挖作业等危大工程安全管控。结合冬期施工特点做好安全防范，严禁雨雪大风天气组织危险作业。

请问：物业管理区域内的共用设备主要有什么？

一、房屋设备的类型

微课视频：房屋设备的类型

房屋设备是房屋建设实体的一部分，一般按专业性质进行分类。根据各种类型设备的功能及为房屋建筑服务的作用不同，房屋设备分为供水设备类、排水设备类、采暖设备类、消防设备类、供电设备类及其他建筑设备类六个类别。

1. 供水设备类

供水设备类由供水泵房、储水箱（储水池）、自动给水泵（高压水泵）、供水管网及各种阀门、各种仪表等组成，主要起到供水的服务功能。房屋的室内给水方式根据用户对于水质、水压和水量的要求，室外管网所能提供的水质、水量和水压情况，卫生器具及消防设备等用水点在房屋内的分布，以及用户对于给水安全的要求等条件来确定。房屋的室内给水方式主要有直接给水方式，水箱给水方式，水池、水泵和水箱联合给水方式，气压给水，分区给水，变频调速给水等。

2. 排水设备类

排水设备类由各种卫生器具、排水管道系统、排气管道系统、清通设备（包括各种检查口、清扫口、检查口井）、室外排水管道及窨井、化粪池等组成，主要起到排水服务功能。按照污水性质、管道的设置点和条件不同，房屋内部的排水管材料主要分为塑料管、铸铁管、钢管和带釉陶土等。

3. 采暖设备类

室内供暖系统按照热媒不同主要有热水供暖系统、蒸汽供暖系统和热风供暖系统三种。供暖系统一般由热源、供热管网和散热器三个主要部分组成。采暖设备主要有供热锅炉系统、室外和室内供热管网，散热器，以及辅助设备（如水泵、膨胀水箱、集气罐、疏水器、补偿器、减压阀及安全阀）等，主要起到供暖服务功能。

4. 消防设备类

消防设备类由消防水泵、消防井、消火栓、消防水管道及各种阀门等组成，主要起到消防服务功能。物业管理所涉及的房屋消防设备以高层房屋最为齐全、复杂。典型的高层房屋消防系统主要由火灾报警系统、消防控制中心、消防栓系统、自动喷洒灭火系统、防排烟系统、安全疏散和防火隔离系统、手提式灭火器和其他灭火系统等组成。

5. 供电设备类

供电设备类由配电箱（柜）和开关箱、室外配电线路及室内配电线路、开关、接线盒、插座、各种照明灯具等组成，主要起到供电服务功能。物业供电的分类主要有：按供电方式分为高压供电和低压供电；按供电回路数目分为单回路供电和多回路供电；按备用电源情况分为无自备电源供电和有自备电源供电；按供电性质分为长期供电和临时供电。

6. 其他建筑设备类

其他建筑设备类包括燃气设备、热水供应设备、电信设备、电梯设备等，具有相应的专业功能并提供相应的服务。其中，燃气设备主要有引入管、干管、立管、用户支管、燃气表和燃气用具等组成；热水供应设备主要有水加热器、热媒管网、温度调节器、疏水器、各种阀门和自动排气器等；电信设备主要由用户终端设备、传输系统设备和交换设备等组成；电梯设备主要由曳引系统、导向系统、轿厢、电梯门系统、质量平衡系统、电力拖动系统、电梯控制系统和电梯安全保护系统等设备组成。

二、房屋设备维修工程分类

房屋设备维修工程分类主要有设备小修工程、设备中修工程、设备大修工程、房屋设备更新和技术改造。

微课视频：房屋设备维修工程分类

1. 设备小修工程

设备小修工程也称为设备零星维修保养工程，是指对房屋设备进行日常保养检修，以及运行故障排除而进行的修理。设备小修主要是清洗、更换和修复少量易损件，适当调整、紧固和润滑工作。此外还包括设备在使用过程中发生突发性故障后的紧急修复。小修一般由维修人员负责，操作人员协助。

2. 设备中修工程

设备中修工程是指对房屋设备进行正常的和定期的全面检修，并更换少量的设备零部件。中修应由专业人员负责。

3. 设备大修工程

设备大修工程是指对房屋设备进行定期的包括更换主要部件的全面检修工程。大修是对设备进行局部或全部的解体，修复或更换磨损或腐蚀的零部件，由专业检修人员负责，操作人员做辅助性工作。

4. 房屋设备更新和技术改造

房屋设备更新和技术改造是指对使用到一定年限且技术性能落后、效率低、耗能大或污染问题日益严重的房屋设备进行的更新活动。房屋的设备均有使用期限，如果设备达到其技术寿命或经济寿命，则需要进行更新改造。一般房屋设备改造费用比设备更新少，因此通过技术改造能达到技术要求的，应尽可能对原设备进行技术改造。

三、房屋设备的日常维修养护（保养）

房屋的设备均需要进行日常维修养护（保养），才能保障设备的日常正常运行。由于房屋设备的专业化划分和管理职能归属的不同，因此房屋设备分别由物业服务企业、供水部门、电力供应部门、电信部门、消防部门和燃气公司等进行维修养护（保养）。

物业服务企业在管项目的房屋设备维修需要制订维修养护计划，再根据维修保养计划进行在管项目房屋设备维修的实施。

1. 物业设施设备维修养护计划的制订

物业设施设备的维修应遵循其自身的客观规律，在保证运行的前提下，达到物理寿命周期内费用最经济的目的。一般维修方式分为预防性维修、事后维修和紧急抢修。

（1）维修养护计划的种类。维修养护计划主要按时间进度制订，分为年度维修保养计划、季度维修保养计划和月维修保养计划。还可按设备类别制订计划，如消防系统维修保养计划、空调系统维修保养计划等。

（2）制订维修养护计划的依据。维修养护计划主要从物业设备的修理周期与修理间隔期，物业设备的使用要求和管理目标，安全与环境保护的要求，以及技术状态等方面综合考虑制订。

（3）制订维修养护计划的流程。制订维修养护计划首先要明确计划目标，之后收集相关材料（如物业设备以往的运行记录、技术状况诊断及技术档案资料等），编写计划草案，最后进行计划草案的论证（如技术可行性分析、资源的满足情况、资金的使用情况、能否满足需求、计划的可执行和验证方法等）。论证通过后确定计划，履行必要的批准手续，一般还需要向业主进行必要的解释或说明，最后执行计划，并根据实际情况的变化进行适当的调整。

（4）维修养护计划的内容。维修养护计划的内容主要有维修养护（保养）的对象（如名称、位置、状态、范围等），维修养护的责任人（如人员构成、分工和责权），维修养护的标准（如养护的频次、时间间隔等），维修养护的方法（如必要的程序和规程），以及维修养护的验证（如验证的方法、记录等）。

2. 物业设施设备维修养护计划的实施

物业设施设备维修养护计划的实施主要有六个步骤：修前预检、修前资料准备、修前工艺准备、其他准备、组织实施、验收和存档。

（1）修前预检。修前预检是对物业设备进行全面的检查，目的是掌握修理对象的状态。

（2）修前资料准备。修前预检结束后，工程技术人员需要准备资料，如各类图样、记录表格及其他技术文件等。

（3）修前工艺准备。资料准备工作完成后，根据情况决定是否编制维修工艺规程或设计必要的工艺装备等。

（4）其他准备。包括准备材料及零备件、专用工量具和设备，以及落实具体停修日期和时间、向业主和有关部门发出通知、清理作业现场等准备工作。

（5）组织实施。要严格按照物业设备的维修养护计划实施，在确保安全的前提下，注意控制实施的工作质量、工作进度及成本等。

（6）验收和存档。物业服务企业根据物业设备维修养护项目的实际情况和工程量，采取适当的验收方式。验收需要考虑相关工作是否按照计划全部完成；是否达到计划要求的质量标准；工作的效率如何；成本控制的效果如何；如果出现未能满足计划要求的情况，分析原因并提出补救措施。

学习任务二　给水排水设备的检查与维修

案例导入 6-2

给水排水设施设备漏水主要表现为给水排水系统管道或设备器具漏水。管道漏水多在接头处，可能因管件的本身质量不佳导致，也可能是在系统安装敷设中出现了施工质量问题。部分物业小区的水龙头多使用螺旋升降式，长期使用后配件内部皮垫磨损老化，漏水明显。对于低配置装修的小区楼宇中，铁质进户阀门因使用频率较低而出现锈蚀情况，出现锈蚀后不容易旋拧或者拧松后无法拧紧，出现漏水的情况。

部分物业小区的居民在使用水时发现水有浑浊、偶有杂质或出现异味等情况。分析原因为：一是在高层住宅的二次供水系统中水箱体用于通气、溢水的管路接口护罩出现损坏或孔洞密封性降低，导致水体污染；二是清洗加药注水不足时就供水，造成短时间药量过大污染，如果供水管道常年使用未维护或更换，大量锈蚀情况下也会加重水体污染。

请问：物业服务企业应该如何进行给水排水设备的检查与维修？

一、给水管道的检查及维修内容

1. 给水管道的检查

给水管道的布置应考虑供水安全、管网经济合理、不影响建筑物的正常使用、便于安装与维修等因素。为了使给水管道出现故障时维修工作不陷入忙乱与被动，必须经常对给水管道做好检查工作，检查的范围和内容有：

（1）全面了解给水管道的实际情况，如对各段管线的走向、各控制阀门（包括阀门井和设在地面以上的各个控制阀门）的位置，都必须掌握清楚，以利于正常的检修工作。

（2）经常检查给水井口（包括阀门井）封闭是否严实，以防异物落入井中，造成维修麻烦。

2. 给水管道维修工作

给水管道的维修主要是针对管道的漏水现象及时进行维修。给水管道的漏水有两种维修方法，分别是打卡子法和换管法。

（1）打卡子法。首先用制备好的小木塞堵在漏水的洞眼上，再用手锤将木塞轻轻地打实，直至洞眼不再漏水为止；木塞堵好后，把露在外面的部分沿根用锯条锯掉，再以塞子为中心，垫上一块大小适当、厚度为 2mm 的软橡皮，然后用铁抱箍把橡皮压住箍紧。

（2）换管法。系统停水后，把管子两端的接头挖出来，如果其中一端为活接头，就从活接头处拆开；如果两端不是活接头，常从管子中间锯断后将管子或管件拆卸下来。对于长期埋在地下的管道，管身和管件常因锈蚀严重而粘在一起，用管钳拆卸时常会把管材咬扁或扭断，造成拆卸困难，应采用振打接头或烧烤接头处的方法防止。

另外，给水管道和水箱等物业给水设备由于保温的问题，容易出现管路受冻造成管道冻裂，导致停水等情况，因此在入冬前，物业服务企业需对物业管理区域内的给水管道进行防冻处理,预防冻害的发生。

常见的给水离心泵故障原因与排除见表6-1。

表6-1 常见的给水离心泵故障原因与排除

故障情况	原因	排除方法
水泵不出水	1. 吸水管或填料函有漏气现象,空气进入泵内,破坏真空度	1. 压紧填料函
	2. 水泵转动方向错或转速太低	2. 检查动力情况
	3. 水泵进水口被杂物堵塞	3. 清理水泵进水口
	4. 水泵选择不当,水泵扬程不足	4. 选择高扬程水泵
	5. 吸水管淹入水中深度不够,有空气吸入泵内	5. 增大吸水管深度
水泵出水量不足	1. 填料函填料压得不紧,有空气进入泵内	1. 压紧填料函
	2. 水泵进水口被杂物堵塞	2. 清理水泵进水口
	3. 吸水管路接头不严密(压力表激烈摆动)	3. 检查吸水管路
	4. 转速降低,没有达到规定转速	4. 检查电路
水泵突然停止出水	1. 进水口露出水面(真空表为零)	1. 增大吸水管深度
	2. 进水口被杂物堵塞	2. 清理水泵进水
水泵发生振动与噪声	1. 外部杂物进入叶轮	1. 停泵清理
	2. 转动部分与固定部分发生碰撞	2. 检修水泵
	3. 轴弯曲或轴承磨损	3. 检修、换轴承
	4. 水泵与电动机轴线未对正	4. 找正轴线
	5. 地脚螺栓松弛,基础不牢固	5. 加固基础紧螺栓
	6. 轴承装置不当或润滑不良	6. 修轴承加润滑油
轴承发热或不耐用	1. 轴瓦间隙太小或泵轴弯曲碰撞固定部分	1. 修好泵轴
	2. 轴承润滑油不足,长时间不换油	2. 清洗轴承,换油
	3. 水泵填料压太紧,以致不出水	3. 松动水泵填料函
	4. 叶轮等转动部件不平衡,发生偏心振动	4. 修叶轮及转动件
水泵外壳发热	无水空载运转时间过长	停泵冷却
填料函漏水严重	1. 填料函盖压得太紧或填料质量不合格	1. 拧紧填料盖换料
	2. 轴线偏斜或泵轴弯曲,填料函磨损不均匀,封水不严	2. 检查轴线位置,对正修理
	3. 填料填装方法不对	3. 重新填装填料
电动机电流过大	1. 泵内零件有卡住现象	1. 检查泵件并修好
	2. 转动部分调整不正确,向吸水方向串动太大.使水轮顶住口环	2. 找正处理
	3. 对轮结合不正或皮圈过紧	3. 停泵调整
电动机过热	1. 电动机超过负荷或通风不良	1. 加强通风减负荷
	2. 电压过高	2. 降低电压
	3. 电动机缺相运行	3. 排除缺相故障
	4. 电动机定子线圈短路或电动机轴承磨损或不清洁	4. 查短路排出故障、修理轴承

（续）

故障情况	原因	排除方法
电动机起动不起来	1. 电压太低或继电器切断了电路	1. 查电路排出故障
	2. 三相电源有一相无电	2. 检修电路
	3. 开关接触不良，接线点松动	3. 修理开关
	4. 轴承安装太紧，转动不灵活	4. 调整轴承

二、排水管道的故障和维修内容

1. 室外排水管道常见故障和维修

室外排水管道常见的故障是堵塞，现象有污水井产生积水或污水外溢出井外，以及室内泛水。其维修方法主要如下：

微课视频：排水管道的故障和维修内容

1）按照水流方向沿管线查找，当找到一个污水井有积水而另一个污水井无积水时，则堵塞位置就在这两个污水井之间。

2）清理时先用掏钩清理无积水井中的污物，以免上面的污水流下来以后，将井中污物冲入下部排水管道，而后再清理排水管口。

3）若污水仍未泄下来，再清理有积水井中的排水管口。此时若积水不下沉，说明堵塞物不在管道的管端，而塞在管道中间，需用竹劈进行疏通。

4）当用竹劈疏通后，污水仍流通不畅时，再用钢丝绳或棕刷把管道拉通即可。

2. 室内排水管道常见故障的维修

室内排水管道常见的故障是堵塞。产生的原因主要有：使用不当，杂物积存在管道阻力较大的地方；施工或检修不当，管道中留存异物或接口处捻料进入管内。

室内排水管道常见故障的维修步骤是：首先进行堵塞部位的判断；其次选择堵塞维修工具及操作方法；最后疏通堵塞操作。

（1）堵塞部位的判断。

1）当影响单个用水器具排水而不影响其他用水器具排水时，则堵塞物在该用水器具排水支管或横管端头。

动画视频：排水管道的故障和维修内容：堵塞部位的判断

2）当影响该层堵塞部位上游的几个用水器具排水，而不影响该层堵塞部位下游及上下各层用水器具的排水，则堵塞物在该层排水横管中部。判断时，应选两个相邻的用水器具对比，这两个器具中应该有一个是下水的，一个是不下水的。

3）当影响该层排水横管上所有用水器具排水而不影响上下各层用水器具的排水时，堵塞物在本层排水横管末端。

4）当影响堵塞物上游所有横管或立管上的用水器具排水，而不影响堵塞物下游用水器具排水时，则堵塞物在排水立管中。发生这种故障时，污水会从堵塞物上游最低点用水器具中溢出。

5）堵塞物在排水立管末端或出户管以外的部位，会影响整个立管或整个系统的用水器具排水。

（2）堵塞维修工具及操作方法。

1）疏通工具可以采用强度高、弹性好的钢丝（一般为6~10JHJ），竹片，胶皮管、橡胶管，以及机械疏通工具。

2）正确选择堵塞清堵的位置。从横管起端和横管转变角度小于135°处的扫除口入口清堵；当堵塞物靠近检查口时，可由此检查口清堵；当堵塞物靠近顶楼时，可从楼顶的通气口入口清堵，这种方法多用于立管疏通；堵塞物位于三通、弯头等处时，可从这类配件相应的排水管扫除口入口清堵，也可将三通或弯头上面钻一小洞，用钢丝清堵后再用小木塞塞紧；如果出现清堵特别困难情况，为便于疏通，可从管壁上凿穿的小孔入口清堵；从室外第一个检查井的上游出水口入口清堵。

（3）疏通堵塞的操作方法。

1）用钢丝疏通：一般多用于横管，需由两人操作。打开扫除口或检查口后，将钢丝徐徐送入管道，在钢丝送入口处要不断矫正钢丝头前进方向，以使钢丝头顺利通过承插口接合处和转弯处的阻碍，并可根据发出的声音判断钢丝是否已搅动到堵物。如连续几次操作仍未疏通时，应考虑重新选择钢丝入口。若操作不当将钢丝拧断在排水管中，必须拆除管道后取出。

2）使用竹片进行疏通：一般多用于立管或直横管。竹片端头应锯成斜头并磨光，以免被接口处卡住。竹片头可装上特制的钢丝小钩等，以便拉出毛发、破布等杂物。

3）使用胶皮管疏通：有两种操作方法。一种与钢丝相同，但胶皮管一般只能过一个弯管，当胶皮管接近堵塞部位时，将胶皮管的另一端接通给水管，用压力较高的给水冲击堵塞物。另一种是将胶皮管插入排水管道后，封严入口，将胶皮管接通给水管，使排水管中充满有压力的水，靠给水压力压开堵塞。

4）使用管道疏通机进行疏通：管道疏通机可对各种口径的立管、横管及管件的堵塞进行清堵，但缺点是既需要电源又容易污染室内环境，因而清堵时要细心操作，防止污染室内环境。

三、排水设备的故障和维修内容

排水设备故障主要是大便器及水箱、小便器、瓷脸盆、浴盆、拖布盆等出现故障。由物业服务企业在其物业管理区域进行相应的维修。

微课视频：大便器及水箱常见故障和维修方法　　动画视频：大便器及水箱常见故障和维修方法

1. 大便器及水箱的常见故障和维修方法

大便器及水箱的常见故障主要有大便器堵塞、瓷存水弯损坏、大便器裂纹或破碎、水箱不下水、销母漏水、漂子门不出水、水箱不稳及损坏、冲洗管损坏等。其具体的产生原因和维修方法见表6-2。

表6-2　大便器及水箱常见故障和维修方法

常见故障	产生原因	维修方法
大便器堵塞，污水不流或流得慢	存水弯有堵塞物或排水管中有堵塞物	用皮揣子揣、钩子钩出堵塞物或打开扫除口疏通
大便器瓷存水弯损坏，不下水，有渗漏	大便器堵塞时用硬物捅坏瓷存水弯	更换大便器或存水弯
大便器胶皮碗漏水，造成地面渗漏	1. 胶皮碗或铜丝锈蚀腐烂 2. 铜丝未绑紧	1. 刨开楼地面更换胶皮碗 2. 刨开楼地面重新绑扎

(续)

常见故障	产生原因	维修方法
大便器裂纹或破碎	1. 重物碰或撞击产生裂纹 2. 严重撞击所致	1. 用胶粘剂黏结 2. 更换新大便器
水箱不下水	挑杆线断了	重接挑杆线
水箱销母漏水	1. 浮球失灵,飘杆因锈蚀腐烂损坏 2. 漂子门销子折断 3. 漂球与飘杆连接断裂 4. 漂球浸入水中 5. 飘杆太紧或定位过高 6. 漂子门不严	1. 更换飘杆 2. 修配漂子门销子 3. 更换漂球或飘杆,确保二者连接 4. 飘杆松动,重新调整飘杆 5. 将飘杆重新调整到合适位置 6. 更换门芯胶皮或门芯
水箱漂子门不出水	1. 漂子门进水眼被堵住 2. 漂子球不动或不灵活	1. 取出门芯,用钢丝疏通进水眼 2. 拆下门芯,用砂布擦洗修饰,使其灵活
水箱不稳	受外力撞击或拉绳用力过大	更换铅垫或螺钉,稳定水箱
水箱损坏	有细微裂缝或严重损坏	用胶布包裹,外涂环氧树脂,更换水箱
水箱冲洗管损坏	撞击或水箱挪位	重新配管

2. 小便器常见故障和维修方法

小便器常见故障是小便器不下水或底部冒水。

(1) 产生的原因:尿碱或水垢将存水弯管堵塞住;使用不当,乱倒烟灰等杂物造成。

(2) 维修方法

1) 用皮揣子揣,揣不通时需把存水弯拆下疏通。

2) 当存水弯损坏时应及时更换,更换时要先将小便器出水管外部及存水弯与下水管内接口处用麻丝缠住,然后打满腻子,最后连接小便器与下水管,以保证不再漏水。

3. 瓷脸盆、浴盆、拖布盆等常见故障和维修方法

瓷脸盆、浴盆、拖布盆等常见故障主要有水嘴处漏水,排水栓漏水,瓷脸盆、浴盆、拖布盆损坏,不下水,以及管道接口处冒水等。具体产生的原因及维修方法见表6-3。

动画视频:销母漏水的主要原因及维修方法

表6-3 瓷脸盆、浴盆、拖布盆常见故障和维修方法

常见故障	产生原因	维修方法
水嘴处漏水	盖母漏,销母漏,水嘴关不严	更换胶垫
排水栓漏水	根母松动,托架不稳	拧紧根母,稳固托架
瓷脸盆、浴盆、拖布盆损坏	产品不合格有裂缝,或使用不当造成轻微损坏或不慎失手碰坏,或严重损坏	用环氧树脂黏糊或更换新盆
不下水	排水栓或存水弯有异物堵塞	用下水道疏道器除去异物
管道接口处冒水	主排水管道堵塞	进行疏通

学习任务三　采暖及电气设备维修

案例导入 6-3

冬季天干物燥，又因天气寒冷，取暖需求增多，电器使用频繁，加上岁末年初，企业赶订单生产忙，火灾风险进一步扩大。

2023 年 12 月 13 日清晨，某地一居民楼卧室着火。接警后，消防救援人员立即出动，现场明火被迅速扑灭。由于疏散及时，火灾未造成人员伤亡。经初步查勘，火灾是由于电气故障引起。

国家消防救援局公布的 2023 年 1—10 月全国火灾形势报告显示：从火灾种类来看，在引起火灾事故的各类原因中电气火灾仍然高居榜首。因此各级政府要广泛宣传冬季防灭火常识，尤其是电气火灾的防范知识，同时加大力度打击假冒伪劣取暖产品，从"人"和"物"两方面形成合力。

请问：采暖及电气设备常见的故障是什么？

一、采暖设备的常见故障及维修

微课视频：采暖设备的常见故障及维修

采暖设备的常见故障主要体现在热水采暖系统运行初期，热水采暖系统升温时，局部不热或热得不够、采暖系统漏水、跑水等方面，一般是由于设计不当、施工方法错误、运行和养护不当、设备系统结构或部件缺陷所致。物业服务企业应针对不同的采暖设备故障原因进行相应的预防和维修，及时消除采暖设备的故障，保证采暖设备的正常运行。

1. 热水采暖系统运行初期的故障与消除

（1）系统水平热不均匀。

1）水力失调：由于系统中分路或环路间压力损失不平衡所致，流量较大、阻力较大和自然压头较小的分路或立管环路不热，实际流量与设计流量不一致。

2）故障原因：系统运行初期，建筑物内采暖系统的分路、各循环环路中实际散热量达不到设计散热量，从而造成同一楼层各房间室温冷热不均匀现象。

3）故障现象：在多分路系统中表现为干管短的近分路较热，干管较长的远分路不热。

4）故障消除：主要靠初调节来消除。即在水力阻力较小的分路干路或环路立管上，部分地关闭调压截止阀或安装调压板，以增大阻力，平衡压力损失，从而调整各干管、立管的热水流量。

（2）系统竖向热不均匀。

1）故障原因：楼房中自然循环双管系统，因上层散热器至锅炉的距离较远，上层作用压力比下层散热器要大得多，供热压力损失差很大，造成竖向热不均匀。

2）故障消除：主要靠初调节来消除。即部分关闭或旋紧下层散热器支管上的调节阀门，以平衡压力损失。采用中分式供热系统或胆管系统进行采暖方式的，可在很大程度上避免竖向热不均匀，尤其单管系统更具有优越性，宜在多层建筑中采用。

2. 热水采暖系统升温缓慢的故障与消除

热水采暖系统升温缓慢的故障原因主要有锅炉出水压力小、循环水泵流量小、阀门开启及漏水等。故障的原因不同，其故障现象和消除方式也不同。

（1）锅炉出水压力小。

1）故障现象：系统起动后 4~5h 内锅炉和采暖系统温度仍不能在接近设计参数（主要是锅炉出口热水温度和系统回水温度）的状况下运行，若无其他原因，即可确定升温缓慢是锅炉提供的热量不足所致。

2）故障消除：对锅炉进行调换或维修。

（2）循环水泵流量小。

1）故障现象：虽然系统升温较慢，但锅炉升温较快，且在挑火 2h 左右锅炉有超温的现象，如管道系统无问题，则说明循环水泵流量小，水量送不出去。

2）故障消除：需及时更换循环水泵。

（3）检查阀门开启及漏水。故障消除：检查各入口调压阀门的开启情况并进行水量调整，直到系统温度正常为止；检查管道是否有漏水情况，如漏水应及时进行修理，保证水泵压力不损失。

3. 热水采暖系统局部不热或热得不够的故障与维修

故障形成原因：系统在充水或大量补水时，空气被"封"在系统中和管道堵塞。

（1）系统在充水或大量补水时。故障消除：检查手动排气阀，通过自动或手动排气阀或开启散热器放气阀排出空气。

（2）管道堵塞。管道堵塞主要原因有：

1）泥沙、铁渣、破碎填料、破布、沉渣等污染物造成的堵塞，造成系统的局部不热。故障消除：可用手摸试温度是否骤然变化加以判断，如确系堵塞，应拆卸清除。

2）阀门阀头脱落形成的堵塞。阀门掉"头"或掉"柄"是由于开关阀门用力过度或阀门本身质量问题等原因造成的。故障消除：可放水拆卸后进行修理或更换。

3）局部冻结。采暖系统个别防寒措施欠佳处的管道或散热器，在外部温度较低时，有可能发生局部冻结的现象。故障消除：可以采用手摸的办法加以判断管道或散热器是否冻结，已经冻结但未造成设备破裂的堵塞现象，可以采用热水浇或喷灯烤的办法进行解冻。

4. 采暖系统漏水、跑水的故障与排除

（1）采暖系统各种漏水现象、产生原因及消除方法。采暖系统各种漏水现象主要有管口漏水、管道接头管件漏水、长丝漏水、阀门漏水、散热器漏水、跑风漏水、活接头或法兰漏水等，具体的产生原因及消除方法见表6-4。

表6-4 采暖系统各种漏水现象、产生原因及消除方法

漏水现象	产生原因	消除方法
管口漏水	管材质量不好，焊接质量不好	补焊
管道接头管件漏水	1. 铸造管件有砂眼，安装前未经认真检查 2. 管件或螺纹头过硬，咬合牙少，不严密 3. 填料太少或缠法不对	1. 更换管件 2. 更换管件、修理螺纹头 3. 更换填料

(续)

漏水现象	产生原因	消除方法
管道接头管件漏水	4. 两段管相接轴线不重合，偏口，使螺纹头与管件内牙接合不均匀	4. 消除外力，或修正安装上的毛病，使管段轴线重合
	5. 缺少伸缩器，管子胀缩受阻，使管件螺纹头接合处受力过大	5. 增加或加强伸缩器的重力
	6. 管件或螺纹头过松，啮合不紧密有间隙	6. 更换管件或螺纹头
	7. 管件开裂或管件、螺纹头牙坏	7. 更换管件或螺纹头
长丝漏水	1. 根母过松，填料没被压紧	1. 拧紧根母
	2. 其余原因同"管道接头管件漏水"	2. 同"管道接头管件漏水"
阀门漏水	1. 阀门填料过少或未压紧	1. 增加填料或拧紧阀门
	2. 其余同"管道接头管件漏水"	2. 同"管道接头管件漏水"
散热器漏水	1. 对口漏水，堵塞漏水	1. 对口漏水重新组对，端塞漏水可直接上紧，垫圈损坏的更换垫圈，重新组对
	2. 对口不平引起的对口漏水	2. 修理对口，重新组对，不能修理的需更换散热器片
	3. 散热器有砂眼	3. 更换有砂眼散热器片
跑风漏水	产品质量不好	修理或更换
活接头或法兰漏水	1. 垫圈损坏	1. 换垫圈
	2. 法兰螺钉松紧不一	2. 换垫圈后，均匀拧紧螺钉
	3. 两管段轴线不重合，偏口，接口不平行	3. 消除偏差，使接口平行对接

（2）散热器破裂跑水

1）故障原因：突然停电停水，系统产生水击现象；循环水泵扬程太高压力过大；建筑防寒不好，冻破；散热器质量差，在运行或系统水压试验时破裂跑水。

2）故障消除：发生上述情况，应及时更换散热器。

二、电气设备的常见故障及维修

房屋电气设备主要指供电设备类，由配电箱（柜）和开关箱、室外配电线路及室内配电线路、开关、接线盒、插座、各种照明灯具等组成。

微课视频：电气设备的常见故障及维修

1. 建筑电气照明系统维修

建筑物内保证人们正常生产、生活活动需要的电气线路，以及满足人们其他特殊需要的各类照明配电设施，通称为建筑电气照明系统。

（1）动力配电箱（柜）和动力供电线路的故障应由电力供应部门的专业技术人员进行排查与维修。

（2）进户配电箱（柜）的室内6外电气线路的故障应由房屋维修责任人负责维修。

室内外电气线路常见的故障主要有线路断路、短路和接触不良，其故障原因分析和维修方法见表6-5。

表 6-5 供配电气线路故障及采取的维修方法

故障项目内容	故障原因分析	维修方法
线路断路	1. 熔断器内的熔丝熔断	1. 换上新的熔丝
	2. 电源线路断裂	2. 重新接好新的线路，用胶布包扎接头处或更换新的线路
	3. 接头处松动	3. 对松动的接头重新固定
线路短路	1. 电线绝缘体蚀损	1. 用胶布对电线绝缘体进行包扎或更换新线
	2. 接线器内一根线头脱落，造成与另一根电线相碰	2. 重新固定脱落的线头
	3. 接线盒、开关、插头、插座等接线器进水	3. 切断电源，烘干用电器
接触不良	1. 固定线头的螺钉未压紧	1. 拧紧螺钉
	2. 线路的接头处氧化	2. 用细砂布或刮刀清除氧化物
	3. 开关的触点因电火花烧灼而损坏	3. 用细砂布清除烧灼物或更换新的开关

（3）房屋照明常见的灯具类型。建筑内的照明，根据建筑物的功能、生产工艺及装饰等各方面不同要求，其照度的标准和灯光布置也不同，一般分为正常照明、应急照明、警卫值班照明、障碍照明和装饰照明等。房屋照明常见的灯具类型有白炽灯、荧光灯、汞灯、H 型节能灯、高压汞灯、卤钨灯等。

动画视频：荧光灯不发光产生的原因及检修方法

1）荧光灯的常见故障及检修方法见表 6-6。

表 6-6 荧光灯的常见故障及检修方法

故障现象	产生原因	检修方法
荧光灯不发光	1. 灯座或启动器底座接触不良	1. 转动灯管，使灯管四级和灯座四夹座接触，保证启动器两级与底座二铜片紧密接触
	2. 灯管漏气或灯丝断了	2. 用万用表检查或观察荧光粉是否变色，确认灯管损坏后，更换新灯管
	3. 镇流器线圈短路	3. 修理或调换镇流器
	4. 电源电压过低	4. 不必修理，等待电压升高
	5. 接线错误	5. 检查线路
荧光灯抖动或两头发光	1. 接线错误或灯座灯脚松动	1. 检查线路或修理灯座
	2. 氖泡内动、静触片不能分开	2. 更换启动器
	3. 镇流器配用规格不合适	3. 调换镇流器
	4. 灯管陈旧，使用时间过长	4. 调换灯管
	5. 电源电压过低	5. 不必修理，等待电压升高
	6. 气温过低	6. 用热毛巾对灯管加热
灯管两端发黑或生黑斑	1. 灯管质量太差	1. 调换灯管
	2. 因启动器损坏使灯丝发射物质加速挥发	2. 调换启动器
	3. 灯管内水银凝结	3. 将灯管旋转 180°
	4. 电源电压过高或镇流器配用规格不合适	4. 调整电压或调换镇流器

（续）

故障现象	产生原因	检修方法
灯光闪烁或光在灯管内滚动	1. 新灯管的暂时现象 2. 灯质量不好 3. 镇流器配用规格不合适或接线松动 4. 启动器损坏或接触不良	1. 开用几次或对调灯管两端 2. 换一根灯管，试看有无闪烁 3. 调换合适的镇流器 4. 调换启动器或修复启动器
灯管亮度减低或色彩转差	1. 灯管陈旧的必然现象 2. 灯管上积垢太多 3. 电源电压太低或线路电压降太大 4. 气温过低或冷风直吹灯管	1. 调换灯管 2. 清除积垢 3. 调整电压或换较粗的导线 4. 加防护罩或避开冷风
灯管寿命短或发光后立即熄灭	1. 镇流器配用不当或其内部线圈短路，致使灯管电压过高 2. 受到剧烈振动，将灯丝振坏 3. 接线错误将灯丝烧坏	1. 调换合适的镇流器或修理镇流器 2. 调换安装位置并更换灯管 3. 检修线路
镇流器有杂音或电磁声	1. 镇流器质量差，铁芯未夹紧 2. 镇流器受热过度 3. 电源电压过高引起镇流器发声 4. 启动器不好引起开启时有辉光杂音 5. 镇流器有微弱声，但影响不大	1. 调换合适的镇流器 2. 检查受热原因 3. 设法降低电压 4. 调换启动器 5. 正常现象，用橡皮垫减振
镇流器过热或冒烟	1. 电源电压过高 2. 线圈短路 3. 灯管闪烁时间太长或使用时间过长	1. 降低电压 2. 调换合适的镇流器 3. 检查闪烁原因或减少连续使用时间

2）汞灯的常见故障及检修方法见表6-7。

表6-7 汞灯的常见故障及检修方法

故障现象	产生原因	检修方法
不能启动	1. 镇流器选用不当或电压过低 2. 开关桩头接线松动 3. 灯泡损坏	1. 调换合适的镇流器，设法升压 2. 拧紧开关桩头 3. 更换新灯泡
只亮灯芯	灯泡漏气或损坏	更换新灯泡
突然熄灭	1. 电压太低 2. 线路断路 3. 灯泡损坏	1. 设法提升电压 2. 接好线路 3. 更换灯泡
忽亮忽灭	1. 电源电压太低 2. 灯座接触不良或接线松动	1. 设法提升电压 2. 紧固灯座、拧紧接线
开而不亮	1. 熔丝熔断 2. 导线脱落 3. 镇流器损坏 4. 灯泡损坏	1. 更换熔丝 2. 拧紧接线 3. 更换镇流器 4. 更换灯泡

3）节能灯的常见故障及检修方法见表6-8。

表6-8 节能灯的常见故障及检修方法

故障现象	产生原因	检修方法
灯不亮	1. 灯丝断了	1. 更换新灯泡
	2. 接触不严或有短路点	2. 拧紧开关桩头再试
灯不启动、尾部发红	启动器坏	更换启动器
启动困难	1. 电压过低	1. 设法提升电压
	2. 灯管质量不好	2. 更换灯泡
灯光暗	1. 电源电压太低	1. 设法提升电压
	2. 灯管衰老	2. 更换灯泡

动画视频：节能灯的常见故障及检修方法

2. 防雷装置的维修

为了避免房屋建筑物遭受雷击损害，应按现行《建筑电气设计技术规程》（JBJ 16—1983）的规定对所有房屋建筑物安装避雷设备，同时为确保房屋电气设备用电安全，必须采取保护性接地、接零。

房产管理部门或维修责任人（物业管理单位），除了应做好已有避雷和接地设备的维修，对应设而未设防雷装置或防雷装置不完善的，应根据房屋防雷的要求，增设建筑物的防雷装置。

（1）防雷装置的构造要求。防雷装置由接闪器、引下线和接地装置三部分组成。

1）接闪器一般有避雷针、避雷网、避雷带、避雷线等几种形式，是与雷电电流直接接触的导体。

2）避雷针一般安装在烟囱等构筑物上；一般房屋建筑基本以安装避雷带为主；避雷线主要用于发电厂、变电所的保护；重要的房屋建筑物应该安装避雷网。

3）引下线是连接接闪器与接地装置的导体，其作用是将雷电电流引至接地装置。接地装置是引导雷电电流安全入大地的导体。

（2）防雷装置的维修。每年雨期前应对防雷装置进行认真检查，发现问题，应及时维修。

1）检查主要内容：防雷装置是否损坏、丢失，卡子是否松动脱落，引下导线是否锈蚀，各部件是否接地导雷，接地极及其接地电阻是否符合规定。

2）维修内容：定期请专业监管单位对接地电阻进行遥测，发现问题，及时维修或重新安装。如：

①引下导线锈蚀则涂油漆，严重锈蚀应更换。

②接地极的地级导体及地级母线不能暴露在地面上。

③接地电阻值超过规定时，应采取补救措施，即增加地级埋置深度。

实训任务 调查所在地"水暖电"等房屋设备的维修技术及其运用状况

一、实训目的

通过对某物业项目中房屋设备的维修技术及其运行状况查勘，撰写房屋设备维修技术及其运行状况的调查报告。

二、实训要求
（1）收集某物业小区房屋建筑设备情况，填写房屋的设备概况表。
（2）对该房屋设备的维修技术进行详细查勘，确定其运行状况。
（3）根据房屋设备运行情况提出相关的维修建议。

三、实训步骤
（1）准备查勘的某物业小区房屋设备的资料。
（2）分组对房屋的设备部分（如给水泵、灯、采暖设备等）进行实地现场调查。
（3）分组收集物业服务企业相关设备的维修技术，针对房屋设备运行情况填写相应的运行情况调查表。
（4）分组完成对某物业小区房屋设备的维修技术及相应运行情况相关报告的撰写，制作PPT并讲解，调查过程需制作成视频提交。

四、实训时间
4学时。

五、实训考核
（1）考核组织。将学生分组，由指导教师进行考核。
（2）考核内容与方式。教师根据房屋调查情况，对学生调查表及分析进行评分；小组对房屋建筑的调查问题及相应房屋设备维修的问题进行分析，并撰写相应的鉴定报告等，由指导教师进行评分。

项目小结

（1）房屋设备分为供水设备类、排水设备类、采暖设备类、消防设备类、供电设备类及其他建筑设备类六个类别。
（2）房屋设备维修工程分为设备小修工程、设备中修工程、设备大修工程、房屋设备更新和技术改造。
（3）物业设施设备维修养护计划的实施主要有六个步骤：修前预检，修前资料准备，修前工艺准备，其他准备，组织实施，以及验收和存档。
（4）给水管道的维修主要针对管道的漏水现象及时进行维修。给水管道的漏水有两种维修方法，分别是打卡子法和换管法。
（5）室外排水管道的常见故障是堵塞，现象有污水井产生积水或污水外溢出井外和室内泛水。
（6）室内排水管道的常见故障是堵塞。维修步骤是：首先进行堵塞部位的判断，其次选择堵塞维修工具及操作方法，最后疏通堵塞操作。
（7）排水设备的故障主要是大便器及水箱、小便器、瓷脸盆、浴盆、拖布盆等出现故障。
（8）采暖设备的常见故障原因是设计不当、施工方法错误、运行和养护不当、设备系统结构或部件存在缺陷。

（9）房屋电气设备主要指供电设备类，由配电箱（柜）和开关箱、室外配电线路及室内配电线路、开关、接线盒、插座、各种照明灯具等组成。

（10）室内外电气线路常见的故障主要有线路断路、短路和接触不良。

综合训练题

一、单项选择题（25×2＝50分）

1. （　　）由供水泵房、储水箱（储水池）、自动给水泵（高压水泵）、供水管网等组成。
    A. 供水设备类设备　　　　　　　　B. 排水设备类设备
    C. 采暖设备类设备　　　　　　　　D. 消防设备类设备

2. 下列选项不属于排水设备类设备的是（　　）。
    A. 排水管道系统　　　　　　　　　B. 清通设备
    C. 窨井　　　　　　　　　　　　　D. 照明灯具

3. （　　）包括燃气设备、热水供应设备、电信设备、电梯设备。
    A. 供水设备类设备　　　　　　　　B. 其他建筑设备类设备
    C. 采暖设备类设备　　　　　　　　D. 供电设备类设备

4. 小修一般由（　　）负责，操作人员协助。
    A. 业主　　　B. 物业使用人　　　C. 维修人员　　　D. 客服人员

5. （　　）是对房屋设备进行正常的和定期的全面检修，并更换少量的设备零部件。
    A. 设备小修工程　　　　　　　　　B. 设备中修工程
    C. 设备大修工程　　　　　　　　　D. 房屋设备更新和技术改造

6. （　　）是对设备进行局部或全部的解体，修复或更换磨损或腐蚀的零部件。
    A. 设备小修工程　　　　　　　　　B. 设备中修工程
    C. 设备大修工程　　　　　　　　　D. 房屋设备更新和技术改造

7. （　　）是对使用到一定年限且技术性能落后、效率低、耗能大或污染问题日益严重的房屋设备进行的更新活动。
    A. 设备小修工程　　　　　　　　　B. 设备中修工程
    C. 设备大修工程　　　　　　　　　D. 房屋设备更新和技术改造

8. 当影响该层堵塞部位上游的几个用水器具排水，而不影响该层堵塞部位下游及上下各层用水器具的排水，则堵塞物在该层排水（　　）。
    A. 横管末端　　B. 横管中部　　　C. 排水支管　　　D. 横管端头

9. 下列选项不属于室内排水管道产生堵塞原因的是（　　）。
    A. 使用不当　　B. 施工不当　　　C. 检修不当　　　D. 管道质量低劣

10. 下列选项不属于瓷脸盆水嘴处漏水产生原因的是（　　）。
    A. 盖母漏　　　B. 销母漏　　　　C. 水嘴关不严　　D. 主排水管道堵塞

11. 大便器瓷存水弯损坏，不下水，有渗漏的检修方法是（　　）。
    A. 重接挑杆线　B. 更换大便器　　C. 更换铅垫　　　D. 更换水箱

12. 水箱不稳的原因是（   ）。
    A. 浮球失灵   B. 挑杆线断裂   C. 受外力撞击   D. 漂子球不动
13. 热水采暖系统运行初期的故障消除主要靠（   ）。
    A. 更换循环水泵   B. 初调节
    C. 热水浇   D. 调换
14. 下列选项不属于造成热水采暖系统管道堵塞原因的是（   ）。
    A. 散热器质量差   B. 污染物造成的堵塞
    C. 阀门阀头脱落形成的堵塞   D. 局部冻结
15. 采暖系统管口漏水的消除方法是（   ）。
    A. 修理螺纹头   B. 补焊
    C. 更换填料   D. 加强伸缩器的重力
16. 动力配电箱（柜）和动力供电线路的故障维修应由（   ）电力供应部门的专业技术人员进行排查与维修。
    A. 业主   B. 电力供应部门的专业技术人员
    C. 房屋维修责任人   D. 物业使用者
17. 进户配电箱（柜）的室内外电气线路应由（   ）负责维修。
    A. 业主   B. 客服人员
    C. 房屋维修责任人   D. 物业使用者
18. 节能灯不启动、尾部发红的原因是（   ）。
    A. 启动器坏   B. 电压过低   C. 灯丝断开   D. 电压太高
19. 汞灯只亮灯芯的原因是（   ）。
    A. 镇流器损坏   B. 线路断路   C. 电压太低   D. 灯泡漏气或损坏
20. 下列选项不属于荧光灯镇流器过热或冒烟原因的是（   ）。
    A. 电源电压过高   B. 线圈短路
    C. 灯管闪烁时间太长   D. 使用时间过短
21. 下列选项不属于供配电气线路接触不良的原因是（   ）。
    A. 固定线头的螺钉未压紧   B. 线路的接头处氧化
    C. 电源线路断裂   D. 开关的触点因电火花烧灼而损坏
22. 荧光灯光闪烁或光在灯管内滚动的原因是（   ）。
    A. 灯管上积垢太多   B. 灯管陈旧
    C. 气温过低   D. 镇流器配用规格不合适
23. 防雷装置的维修应定期请（   ）对接地电阻进行遥测，发现问题，及时维修或重新安装。
    A. 物业服务企业   B. 业主
    C. 物业使用人   D. 专业监管单位
24. （   ）是连接接闪器与接地装置的导体，其作用是将雷电流引至接地装置。
    A. 避雷网   B. 引下线   C. 避雷针   D. 接地装置
25. （   ）安装是主要用于发电厂、变电所的保护。
    A. 避雷带   B. 避雷网   C. 避雷针   D. 避雷线

二、多选题（10×2 = 20 分）

1. 消防设备类设备由（　　）等组成。
   A. 供水管网　　　　　　　　　　B. 消火栓
   C. 消防水管道　　　　　　　　　D. 消防井
2. 给水管道的维修主要针对（　　）现象。
   A. 管道保温　　　　　　　　　　B. 管道防冻
   C. 管道的漏水现象　　　　　　　D. 管道爆裂现象
3. 漏水有两种维修方法，分别是（　　）。
   A. 打卡子法　　B. 换管法　　　C. 填充法　　　　D. 排除法
4. 水泵出水量不足的排除方法有（　　）。
   A. 压紧填料函　　　　　　　　　B. 清理水泵进水口
   C. 检查吸水管路　　　　　　　　D. 检查电路
5. 当影响单个用水器具排水而不影响其他用水器具排水时，则堵塞物在该用水器具的（　　）。
   A. 横管中部　　　　　　　　　　B. 横管末端
   C. 排水支管　　　　　　　　　　D. 横管端头
6. 室内排水管道常见故障的维修应注意（　　）。
   A. 堵塞部位的判断　　　　　　　B. 堵塞维修工具选择
   C. 堵塞维修工具操作　　　　　　D. 疏通堵塞操作
7. 疏通工具可采用（　　）。
   A. 弹性好的钢丝　　　　　　　　B. 竹片
   C. 胶皮管　　　　　　　　　　　D. 机械疏通工具
8. 小便器常见故障有（　　）。
   A. 小便不下水　　B. 底部冒水　　C. 水箱不稳　　D. 销母漏水
9. 热水采暖系统运行初期的故障主要有（　　）。
   A. 锅炉出水压力小　　　　　　　B. 循环水泵流量小
   C. 水平热不均匀　　　　　　　　D. 竖向热不均匀
10. 房屋照明常见的灯具类型有（　　）。
    A. 白炽灯　　　　B. 荧光灯　　　C. 汞灯　　　　D. H 型节能灯

三、简答题（5×4 = 20 分）

1. 房屋设备维修工程分类有哪些？
2. 给水管道的布置应考虑因素？
3. 简述管道局部孔状漏水打卡子修补方法。
4. 散热器破裂跑水故障形成原因是什么？
5. 热水采暖系统升温缓慢的故障主要有哪些？

四、案例分析题（1×10 = 10 分）

公共管道堵塞造成损失，谁承担责任？

2020 年 6 月 13 日，王某居住房屋的卫生间地漏、坐便器突然反溢出大量污水，在通知

项目六　房屋设备的维修

物业疏通管道后，发现是其楼上住户将两块抹布丢弃到公共管道内导致的堵塞。

王某认为是物业服务企业未尽到管理职责致使其房屋反水，故将物业公司诉至法院，请求判令物业服务企业赔偿其财产损失5万余元。

请问：1. 物业服务企业应该负责吗？原因是什么？（5分）

2. 公共管道堵塞时物业服务企业应该如何维修处理？（5分）

项目七 房屋维修工程定额认知

学习目标

（1）了解房屋维修工程定额的含义、性质及作用，房屋维修预算定额、人工消耗量定额、施工机械台班定额、材料消耗量、材料预算价格和机械台班定额消耗量的含义，人工日工资单价的确定方法和影响因素。

（2）掌握房屋维修预算定额的组成和作用，综合工日及人工日工资单价、材料消耗量、材料预算价格的组成及计算，机械台班定额消耗量的确定方法，施工机械台班单价的组成。

（3）熟悉房屋维修预算定额的应用，时间定额、产量定额和机械台班消耗量的计算，不同工程量清单计价表格的组成及填制要求。

能力目标

（1）具有能根据房屋维修预算定额的分类，确定实际房屋维修工程类型的能力。

（2）具有运用房屋维修预算定额和工程量清单计价表格的相关知识，进行房屋维修预算定额表和工程量清单计价表格编制的能力。

（3）具有运用房屋维修预算定额的相关知识，进行房屋维修实际工程项目的预算定额基价计算的能力。

素质目标

（1）在学习过程中培养学生的自主学习和创新思维。

（2）在房屋修缮定额实际单价及劳动定额的编制计算的实训环节中，培养学生的职业道德与爱岗敬业精神，具有身体力行、践行服务责任的意识。

（3）通过实训培养学生的语言表达能力。

学习任务一 房屋维修工程定额认知

案例导入 7-1

为适应不同专业的需要，某《房屋建筑物维修工程消耗定额》（以下简称新定额）分建筑分册、水暖分册和电气分册三部分。分项工程共计3310项，其中建筑分册1043项，水暖分册1176项，电气分册1091项。各分册的章、节的设立是按照一般常规作法顺序编排的，充分考虑了修缮工程零星、分散和修缮程度不一的特点。设有拆、修、添配、整修等项目，以满足修缮工程中出现的不同部位、不同修缮程度的需要。同时，各分册采用新材料、新工艺、新做法，以适用于各类建筑修缮的需要。

新定额是以分项工程表示的人工、材料用量的消耗标准，它是编制房屋建筑维修工程预算，确定房屋建筑维修工程造价的依据，是编制施工文件的生产计划、签发任务单、考核工效和内部清算的依据。人工工日消耗量是以"综合工日"表示的，包括了"基本工"和"其他工"两部分。各项工作内容中，只列了主要施工工序和主要材料用量，次要工序和次要的零星材料定额中已包含。新定额适用于房建部门维修（整修和检修）工程，物业小区管理，不适用于新建、扩建工程和临时性工程。

请问：房屋维修工程定额主要有什么作用？

一、房屋维修定额的含义及性质

1. 房屋维修工程定额的含义

房屋维修工程定额是在正常施工条件下，完成单位合格产品所必须消耗的劳动力、材料、机械台班的数量标准。这种量的规定，反映出完成建设工程中的某项合格产品与各种生产消耗之间特定的数量关系。房屋维修工程定额的组成如图7-1所示。

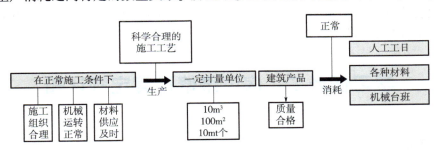

图7-1　房屋维修工程定额的组成

2. 房屋维修工程定额的性质

（1）科学性。表现为定额的编制是在认真研究客观规律的基础上，自觉遵循客观规律的要求，用科学方法确定各项消耗量标准。所确定的定额水平，是大多数企业和职工经过努力能够达到的平均先进水平。

（2）法定性。是指定额一经国家、地方主管部门或授权单位颁发，各地区及有关施工企业单位，都必须严格遵守和执行，不得随意变更定额的内容和水平。定额的法令性保证了建筑工程统一的造价与核算尺度。

（3）群众性。是指定额的拟定和执行都要有广泛的群众基础。定额的拟定通常采取工人、技术人员和专职定额人员三结合方式，使拟定定额时能够从实际出发，反映建筑安装工人的实际水平，并保持一定的先进性，使定额容易为广大职工所掌握。

（4）稳定性和时效性。建筑工程定额中的任何一种定额，在一段时期内都表现出稳定的状态。根据具体情况不同，稳定的时间有长有短，一般为5~10年。但是，任何一种建筑工程定额，都只能反映一定时期的生产力水平，当生产力向前发展了，定额就会变得陈旧。

所以，建筑工程定额既具有稳定性，也具有显著的时效性。当定额不能起到它应有的作用时，建筑工程定额就要重新修订了。

二、房屋维修工程定额的作用及分类

1. 房屋维修工程定额的作用

定额是编制工程计划、组织和管理施工的重要依据；是确定建筑工程造价、编制竣工结算的依据；是定额组织和管理施工的有效工具；是总结、分析和改进生产方法的手段；是编制招标工程标底和投标报价的依据；是推进经济责任制的重要环节；是按劳动分配及经济核算的依据。

2. 房屋维修工程定额的分类

房屋维修工程定额主要按生产要素、定额的不同用途、定额的编制单位及执行范围、专业性质的不同及投资的费用性质进行分类。

（1）按生产要素分类。分为劳动消耗定额、材料消耗定额和机械台班消耗定额。

（2）按定额的不同用途分类。分为施工定额、预算定额、概算定额和概算指标。

（3）按定额的编制单位及执行范围分类。分为全国统一定额、地区定额和企业定额。

（4）按专业性质的不同分类。分为建筑工程定额、装饰装修工程定额、仿古建筑及园林工程定额、安装工程定额、市政工程定额和房屋修缮工程定额。

（5）投资的费用性质的不同分类。分为建筑工程定额、建筑安装工程费用定额，设备安装工程定额和工程建设其他费用定额等。

学习任务二　房屋维修预算定额认知

案例导入 7-2

作为物业管理技术人员，必须掌握房屋维修与保养的基础知识和操作技能。房屋的修缮除小修采用双方议价的方式可不编制预算外，其他各类修缮工程均需编制维修预算。房屋维修预算是以房屋维修工程为对象，依据房屋修缮定额逐一计算，再加上规定收取的现场经费、其他直接费、间接费及利润和税金而得出的维修工程的全部费用，它是确定房屋维修工程造价、进行工料分析及物业管理企业支取专项维修资金进行相关维修活动的依据。

房屋维修预算的编制步骤：①熟悉施工图样、收集预算资料；②计算工程量；③套用定额，编制维修工程预算表；④编制主要材料用量表；⑤编制主要材料调价计算表；⑥编制预算费用表；⑦编写编制说明；⑧装订签章。

请问：编制维修预算定额有什么作用？

一、房屋维修预算定额的含义及作用

1. 房屋维修预算定额的含义

房屋维修预算定额是确定房屋修缮工程中一定计量单位的分部分项工程

所需消耗的人工、材料和机械台班的数量标准。它是编制房屋修缮工程施工图预算,进行工程拨款和结算的重要依据,也是考核房屋修缮工程成本的依据。它仅适用于房屋修缮工程。

2. 房屋维修预算定额的作用

房屋维修预算定额的作用主要有:预算定额是编制施工图预算和确定工程造价的依据;是编制施工组织设计、确定劳动力、建筑材料、成品、半成品和建筑机械台班消耗量的依据;是对设计方案和施工方案进行技术经济分析和比较的依据;是拨付工程价款和进行工程竣工结算的依据;是编制概算定额和概算指标的基础;是施工企业进行经济核算和经济活动分析的依据,也是编制招标标底和投标报价的基础。

二、房屋维修预算定额的组成

微课视频:房屋维修预算定额的组成

房屋维修预算定额由目录、总说明、各分部(章)说明及分项工程说明、工程量计算规则、定额项目表和有关附录等组成。

1. 目录

目录能提供章节的结构和内容的预览,快速查找相应的页码等。

2. 总说明

总说明阐述该预算定额的编制原则和依据、适用范围和作用、涉及的因素与处理方法、基价的来源与定价标准、有关执行规定及增收费用等。

3. 各分部(章)说明及分项工程说明

各分部(章)说明主要包括以下内容:编制各分部定额的依据;项目划分和定额项目步距的确定原则;施工方法的确定;定额换算的说明;选用材料的规格和技术指标;材料、设备场内水平运输和垂直运输主要材料损耗率的确定,人工、材料、施工机械台班消耗定额的确定原则及计算方法。

4. 工程量计算规则

定额套价是以各分项工程的项目划分及其工程量为基础的,而定额指标及其含量的确定,是以工程量的计量单位和计算范围为依据的。因此,每部定额都有自身专用的"工程量计算规则"。工程量计算规则是指对各计价项目工程量的计量单位、计算范围、计算方法等所做的具体规定与法则。

5. 定额项目表

定额项目表由项目名称、工程内容、计量单位、项目表和附注组成,是预算定额的主要构成部分。其中,项目表由定额编号、细目与步距、子目组成。部分定额项目表下部列有附注,主要是说明当设计项目与定额不符时,换算或调整等需说明的问题。

6. 附录

附录是指制定定额的相关资料和含量、单价取定等内容,可集中在定额的最后部分,也可放在有关定额分部内。附录的内容可作为定额调整换算、制定补充定额的依据。附录一般在定额手册的最后,包括的主要表格有混凝土配合比表,砌筑砂浆及垫层材料配合比表,抹灰砂浆配合比表,耐酸、防腐及特种混凝土配合比表,建筑材料预算价格取定表,施工机械台班价格表,定额中的用语和符号的含义等。

三、房屋维修预算定额的应用

预算定额包括编制房屋施工图预算、各种消耗指标、基价构成及有关附注等内容。定额项目表是预算定额的主要组成部分，表内反映了完成一定计量单位的分项工程所消耗的各种人工、材料、机械台班数额及其基价的标准数值。预算定额的应用主要有直接套用和换算两种形式。当设计要求、结构形式、施工工艺、施工机械等与定额条件完全符合时，可直接套用定额。在应用定额编制预算时，绝大多数项目属于直接套用定额这种情况。当设计要求与定额条件不完全相符时，则不可直接套用定额，应根据定额的规定进行换算。

1. 定额套用的原则

定额套用的原则是根据施工图、设计说明和做法说明，选择定额项目。从工程内容、技术特征和施工方法上需要仔细核对，才能较准确地确定相对应的定额项目。分项工程的名称和计量单位要与预算定额一致。

（1）直接套用。如设计要求、工作内容及确定的工程项目完全与相应定额的工程项目符合，可直接套用定额。套用定额时应注意：

1）根据施工图、设计说明和做法说明，选择定额项目。

2）从工程内容、技术特征和施工方法上仔细核对，才能较准确地确定对应的定额项目。

3）分项工程的名称和计量单位与预算定额一致。

（2）换算套用。由于定额是按一般正常合理的施工组织和正常的施工条件编制的，定额中所采用的施工方法和工程质量标准，主要是根据国家现行工程施工技术及验收规范、质量评定标准及安全操作规程取定的。因此，使用时不得因具体工程的施工组织、操作方法和材料消耗与定额的规定不同而变更定额。换算原则是定额说明中允许换算套用的内容。主要换算类型有砂浆换算、混凝土换算、系数换算和其他换算等。

定额换算的基本思路是换算后的定额综合单价 = 原定额综合单价 + 换入的费用 − 换出的费用。

2. 房屋维修预算定额应用实例

【例1】请查询 M5 水泥砂浆砌筑砖基础综合单价。C.1 砖基础见表7-1。

表7-1 C.1 砖基础

工作内容：1. 清理基槽、基坑。
2. 调运砂浆、运砖、砌砖、安放铁件等。 计量单位：10m³

定　额　编　号	JC0001	JC0002
项　目　名　称	砖基础	
	240 砖	
	水泥砂浆	
	现拌砂浆 M5	干混商品砂浆

(续)

定 额 编 号					JC0001	JC0002
综 合 单 价（元）					**4611.65**	**4960.29**
费用	其中	人 工 费（元）			1351.83	1235.56
		材 料 费（元）			2800.12	3320.80
		施工机具使用费（元）			75.02	55.78
		企 业 管 理 费（元）			264.11	239.03
		利 润（元）			120.57	109.12
		一 般 风 险 费（元）				
	编 码	名 称	单位	单价（元）	消 耗 量	
人工	000300100	砌筑综合工	工日	115.00	11.755	10.744
材料	041300010	标准砖 240×115×53	千块	422.33	5.525	5.525
	341100100	水	m³	4.42	1.050	2.363
	810104010	M5.0 水泥砂浆（特稠度 70~90mm）	m³	183.45	2.519	—
	850301010	干混商品砌筑砂浆 M5	t	228.16	—	4.282
机械	990611010	干混砂浆罐式搅拌机 20000L	台班	232.40		0.240
	990610010	灰浆搅拌机 200L	台班	187.56	0.400	—

解：采用直接套用的方法。
M5 水泥砂浆砌筑砖基础综合单价 = 4611.65 元/10m³。
其工程内容、技术特征和施工方法、项目名称和单位与定额一致。

【例2】 请计算 M7.5 水泥砂浆砌筑砖基础综合单价。砂浆配比见表 7-2。

解：查询定额及《重庆市建设工程混凝土及砂浆配合比表》可知：
换算后的定额综合单价 = 原定额综合单价 + 换入的费用 – 换出的费用
$$= 4611.65（元/10m^3）+ 186.08（元/m^3）\times 2.519（m^3/10m^3）-$$
$$171.49 \times 2.519（m^3/10m^3）$$
$$= 4648.40（元/10m^3）。$$

表 7-2 17. 特细砂砌筑砂浆

计量单位：m³

定 额 编 号				810101010	810101020	810101030	810102010	810102020	810102030
项 目 名 称				水泥砂浆（特细砂）					
				稠度 30~50mm			稠度 50~70mm		
				M5	M7.5	M10	M5	M7.5	M10
基 价（元）				**171.49**	**186.08**	**194.02**	**176.77**	**192.06**	**199.87**
编 码	名 称	单位	单价	消 耗 量					
040100015	水泥 32.5R	kg	0.31	267.000	327.000	354.000	293.000	343.000	374.000
040300760	特细砂	t	63.11	1.383	1.320	1.314	1.338	1.336	1.308
341100100	水	m³	4.42	0.326	0.317	0.306	0.338	0.321	0.312

学习任务三　房屋维修工程预算定额基价确定

案例导入 7-3

建筑市场的劳务日工资单价远远高于综合工日人工单价，在劳务市场招聘一个技术工人的劳务综合单价为每天 200～300 元，而相关省市建设行政主管部门公布的综合工日人工单价为每工日 100 元左右，施工工作无法开展，做得多人工费就亏得多，为此频频要求业主单位按劳务综合单价支付人工费。但是否会由于建设行政主管部门公布的综合工日人工单价比劳务综合单价低就造成施工单位低盈利或亏本？

综合工日的低人工单价乘以计价定额的高人工消耗与市场劳务综合单价的水平基本吻合，再加计分解在措施项目费、其他项目费、预算包干费等费用中的人工费，肯定不低于按市场水平支付给施工企业的劳务费用。所以，施工企业在正常的劳动条件、正常的气候和地理条件，以及合理的施工工艺、施工组织、施工机具配备下组织施工，人工费按建设行政主管部门公布的综合工日人工单价套入计价定额计算完全合理。

请问：我们应该如何确定综合工日的人工单价？

一、预算定额人工费的确定

1. 人工消耗量的确定——人工消耗量定额

人工消耗量定额是指在正常施工技术和合理劳动组织条件下，为完成单位合格施工作业过程的施工任务所必须消耗的生产工人的工作时间。其表达形式主要有劳动定额、时间定额、产量定额三种。

（1）时间定额：在正常施工技术和合理劳动组织条件下，完成单位合格产品所必须消耗的工作时间。时间定额以工日为单位，每个工日按 8h 计算。

（2）产量定额：在正常施工技术和合理劳动组织条件下，单位工作时间内完成的合格产品数量。

时间定额和产量定额的关系是倒数关系：时间定额 × 产量定额 = 1

例如，时间定额中砌 $1m^3$ 砖基础需 0.937 工日，则产量定额为每工日可砌砖基础 $1/0.937 = 1.067m^3$。

（3）预算定额的人工消耗量——综合工日：由基本用工、超运距用工、辅助用工、人工幅度差组成。

1）基本用工：是指完成该项分项工程的主要用工。按综合取定的工程量和劳动定额中相应的时间定额进行计算。计算公式：

$$\text{基本用工} = \Sigma \text{工序工程量（综合取定的工程量）} \times \text{时间定额} \qquad (7\text{-}1)$$

2）辅助用工：是指施工现场所发生的在劳动定额中未包括的材料加工等用工。计算公式：

$$辅助用工 = \sum 材料加工的数量 \times 相应时间定额 \qquad (7\text{-}2)$$

3）超运距用工：是指预算定额中材料或半成品的运输距离，超过劳动定额基本用工中规定的距离所增加的用工。计算公式：

$$超运距用工 = \sum 超运距材料的数量 \times 相应时间定额 \qquad (7\text{-}3)$$
$$超运距 = 预算定额取定运距 - 劳动定额已包括的运距 \qquad (7\text{-}4)$$

4）人工幅度差：是指预算定额和劳动定额由于定额水平不同而引起的水平差。主要包括：各工种间工序搭接及交叉作业互相配合或影响所发生的停歇用工；施工机械在单位工程之间转移及临时水电线路移动所造成的停工；质量检查和隐蔽工程验收工作的影响；班组操作地点转移用工；工序交接时对前一工序不可避免的修整用工；施工中不可避免的其他零星用工等。一般土建工程的人工幅度差系数为10%，安装工程的人工幅度差系数为12%。计算公式：

$$人工幅度差 = (基本用工 + 辅助用工 + 超运距用工) \times 人工幅度差系数 \qquad (7\text{-}5)$$
$$人工消耗量 = (基本用工 + 辅助用工 + 超运距用工) \times (1 + 人工幅度差系数) \qquad (7\text{-}6)$$

2. 人工日工资单价的组成

人工日工资单价是指施工企业平均技术熟练程度的生产工人在每个工作日（国家法定工作时间内）按规定从事施工作业应得的日工资总额。它主要包括计时工资或计件工资、奖金、津贴补贴及特殊情况下支付的工资等。其中：奖金有超额劳动、增收节支，如节约奖、劳动竞赛奖等；津贴补贴有流动施工、特殊地区施工、高温（寒）作业临时津贴、高空津贴等；特殊情况下支付的工资有工伤、产假、婚丧假、生育假、事假、停工学习、执行国家或社会义务等。

3. 人工日工资单价的确定方法及影响因素

（1）人工日工资单价的确定方法。主要有年平均每月法定工作日、日工资单价、日工资单价的管理等方法。

1）年平均每月法定工作日。计算公式为：

$$年平均每月法定工作日 = \frac{全年日历日 - 法定假日}{12} \qquad (7\text{-}7)$$

2）日工资单价的计算。计算公式为：

$$日工资单价 = \frac{生产工人平均月工资（计时、计件）+ 平均月（奖金 + 津贴补贴 + 特殊情况下支付的工资）}{年平均每月法定工作日} \qquad (7\text{-}8)$$

3）日工资单价的管理：日工资单价可以自主确定人工费，但应符合政策性要求，最低工作单价不得低于工程所在地所发布的最低工资标准的：普工1.3倍、一般技工2倍、高级技工3倍。

（2）人工日工资单价的影响因素。主要有五个影响因素，分别是社会平均工资水平、生活消费指数、人工日工资单价的组成内容、劳动力市场供需变化，以及政府推行的社会保障和福利政策。

二、材料预算价格的确定

材料预算价格主要根据材料消耗量和周转性材料消耗量定额来确定。

1. 材料消耗量

(1) 材料消耗量的含义及组成。材料消耗量是指完成某一计量单位的分项工程或结构构件所需的各种材料的总和。内容包括直接性材料消耗（主材）、周转性材料消耗、次要材料消耗。其中：直接性材料消耗（主材）以"材料消耗定额"为基础综合并考虑其他因素，如考虑梁头、木砖等的材料用量；周转性材料消耗主要考虑回收量部分的折价；次要材料消耗包括砌墙中的木砖、混凝土中的外加剂、草袋、氧气等，有时会出现"其他材料费"。

根据材料消耗与工程实体的关系划分实体材料和非实体材料。其中，实体材料中的直接性材料有钢筋、水泥、砂，辅助材料有炸药、引信、雷管；非实体材料为周转性材料。

(2) 确定材料消耗量的基本方法。主要有现场技术测定法、实验室实验法、现场统计法、理论计算法。

1) 现场技术测定法：适用于确定材料损耗量，还可以区别可以避免的损耗与难以避免的损耗。

2) 实验室实验法：主要是用来编制材料净用量定额，缺点在于无法估计施工现场某些因素对材料消耗量的影响。

3) 现场统计法：只能确定材料总消耗量，不能确定净用量和损耗量，只能作为辅助性方法使用。

4) 理论计算法：确定材料净用量的方法，较适合于不易产生损耗且容易确定废料的材料消耗量的计算。

(3) 相关计算。材料消耗量和材料损耗率的计算公式为：

$$材料消耗量 = 材料净用量 + 材料损耗量 \tag{7-9}$$

$$材料损耗率 = \frac{材料损耗量}{材料消耗量} \times 100\% \tag{7-10}$$

$$材料消耗量 = \frac{材料净用量}{1 - 材料损耗率} \approx 材料净用量 \times (1 + 材料损耗率) \tag{7-11}$$

例如，1m³砌体的标准砖净用量理论计算公式为：

$$标准砖净用量（块）= \frac{砌体厚度砖数 \times 2}{砌体厚度 \times (砖长 + 灰缝厚) \times (砖厚 + 灰缝厚)} \tag{7-12}$$

式中 砖长，砖厚——标准砖尺寸；

砌体厚度——半砖墙0.115m，一砖墙0.24m，一砖半墙0.365m；

砌体厚度砖数——半砖墙为0.5，一砖墙为1，一砖半墙为1.5；

灰缝厚——按0.01m计。

例如，1m³砌体的砂浆净用量理论计算公式为：

$$砂浆的净用量 = 1 - 标准砖的净用量体积 = 1 - 砖的净用量 \times 每块砖的体积 \tag{7-13}$$

$$消耗量 = 净用量 / (1 - 损耗率) \tag{7-14}$$

【例3】试计算1m³一砖半标准墙的标准砖和砂浆的消耗量，其中砖的损耗率为1.5%，砂浆的损耗率为1%。

解：①标准砖的净用量为：$2 \times 1.5 / [0.365 \times (0.24 + 0.01)(0.053 + 0.01)] = 522$（块）；

②砂浆的净用量为：$1 - 522 \times 0.24 \times 0.115 \times 0.053 = 0.236$（m³）；

③标准砖的消耗量为：$522 / (1 - 0.015) = 530$（块）；

④砂浆的消耗量为：$0.236/(1-0.01)=0.238(m^3)$。

2. 周转性材料消耗量定额

周转性材料是指在工程施工过程中能多次使用、反复周转的工具性材料、配件和用具等，如挡土板、模板和脚手架等。

摊销量是指完成一定计量单位建筑产品，一次所需要摊销的周转性材料的数量。

1) 不考虑补充和最终回收量：摊销量＝一次使用量/周转次数。

2) 考虑补充和最终回收量：摊销量＝周转使用量－回收量。

周转使用量、回收量计算公式为：

$$周转使用量 = \frac{一次使用量}{周转次数} \times [1+(周转次数-1)\times 损耗率] \qquad (7-15)$$

$$回收量 = \frac{一次使用量 \times (1-损耗率)}{周转次数} \qquad (7-16)$$

三、材料预算价格的确定

1. 材料预算价格的含义

材料预算价格又称材料预算单价，是指材料由来源地或交货地点，经中间转运，到达工地仓库或施工现场堆放地点后的出库价格。

2. 材料预算价格组成

材料预算价格由材料原价、运杂费、运输损耗费、采购及保管费组成。

材料原价（或供应价格）是指国内采购材料的出厂价格，国外采购材料抵达买方边境、港口或车站并交纳完各种手续费、税费（不含增值税）后形成的价格。

运杂费分为国内采购和国外采购两类，国内采购的运杂费是指从来源地运到工地仓库或指定地点发生的费用。国外采购的运杂费是指从到岸港运至工地仓库或指定堆放地点发生的费用（不含增值税）。

运输损耗费计算公式为：

$$运输损耗费 = (材料原价 + 材料运杂费) \times 运输损耗率 \qquad (7-17)$$

采购及保管费包括采购费、仓储费、工地保管费和仓储损耗。计算公式为：

$$\begin{aligned}采购及保管费 &= 材料运到工地仓库价格 \times 采购及保管费率 \\ &= (材料原价 + 运杂费 + 运输损耗费) \times 采购及保管费率\end{aligned} \qquad (7-18)$$

3. 材料预算价格计算

材料预算价格可按式（7-19）、式（7-20）计算。

$$材料预算价格 = (材料原价 + 运杂费) \times (1 + 运输损耗率) \times (1 + 采购及保管费率) \qquad (7-19)$$

当一般纳税人采用一般计税办法时，材料单价中材料原价、运杂费等均应扣除增值税进项税额。

或为：

$$材料预算价格 = 材料原价 + 运杂费 + 运输损耗费 + 采购及保管费 \qquad (7-20)$$

其中，影响材料预算价格变动的主要因素有市场供需变化、材料生产成本、流通和供应体制，以及运距和运输方式等。

四、施工机械台班费的确定

1. 机械台班定额消耗量的含义

机械台班定额消耗量是指在正常施工、合理劳动组织的前提下,由技术熟练的工人操作机械完成单位合格产品所需消耗机械时间的数量标准。其表达形式是机械时间定额和机械产量定额。

注意:①台班:一个工作班(8h);②机械是一定品种、一定规格;③合理劳动组织包括合理使用机械。

2. 确定机械台班定额消耗量的基本方法

(1) 确定机械纯工作1h的正常生产率。

1) 对于循环动作机械,确定机械纯工作1h正常生产率。计算公式为:

$$机械一次循环的正常延续时间 = \Sigma 循环内各组成部分内延续时间 - 交叠时间 \quad (7\text{-}21)$$

$$机械纯工作1h循环次数 = \frac{60 \times 60(s)}{依次循环的正常延续时间} \quad (7\text{-}22)$$

机械纯工作1h正常生产率 = 机械纯工作1h正常循环次数 × 一次循环生产的产品数量

$$(7\text{-}23)$$

2) 对于连续动作机械,确定机械纯工作1h正常生产率要根据机械的类型和结构特征,以及工作过程的特点来进行。计算公式为:

$$连续动作机械纯工作1h正常生产率 = \frac{工作时间内生产的产品数量}{工作时间(h)} \quad (7\text{-}24)$$

(2) 确定施工机械的时间利用系数。

(3) 计算施工机械台班定额。计算公式为:

$$施工机械台班产量定额 = 机械纯工作1h正产生产率 \times 工作班纯工作时间 \quad (7\text{-}25)$$

施工机械台班产量定额 = 机械纯工作1h正产生产率 × 工作班延续时间 × 机械时间利用系数

$$(7\text{-}26)$$

【例4】某土方工程采用单斗反铲挖掘机施工,已知斗容量1.5m³,单斗挖土的充盈系数为1.2,经现场测定该挖掘机每循环一次的时间为2min,机械利用系数为90%,试计算该挖掘机的产量定额。

解:挖掘机每小时循环次数:60 ÷ 2 = 30(次);

挖掘机纯工作1h的正常生产率:1.5 × 1.2 × 30 = 54(m³);

挖掘机的产量定额:54 × 8 × 90% = 388.8(m³/台班);

时间定额 = 1 ÷ 388.8 = 0.0026(台班/m³)。

3. 预算定额中机械台班消耗量的计算

根据施工定额计算机械台班消耗量是指用施工定额中机械台班产量加机械幅度差计算预算定额的机械台班消耗量。以现场测定资料为基础确定机械台班消耗量。

其中,机械幅度差主要有:施工机械转移工作面及配套机械相互影响损失的时间;在正常施工条件下,机械在施工中不可避免的工序间歇;工程开工或收尾时工作量不饱满所损失的时间;检查工程质量影响机械操作的时间;临时停机、停电影响机械操作的时间;机械维修引起的停歇时间等。

计算公式为:

预算定额机械耗用台班 = 施工定额机械耗用台班 × (1 + 机械幅度差系数)   (7-27)

4. 施工机具台班单价的组成

（1）施工机械台班单价。由不变费用和可变费用组成，包含折旧费、检修费、维护费、安拆费及场外运费、人工费、燃料动力费及其他费用的组成和确定。

（2）施工仪器仪表台班单价的组成。主要由折旧费、维护费、校验费、动力费组成。

五、工程量清单计价表格

1. 工程量清单计价表格组成

工程量清单计价表格主要由封面、总说明、汇总表、分部分项工程和措施项目计价表、其他项目计价表、规费、税费项目计价表、工程计量申请（核准）表、综合单价调整表、合同价款支付申请（核准）表、主要材料表及工程设备一览表等组成。

（1）封面。
1）招标工程量清单：封-1。
2）招标控制价：封-2。
3）投标总价：封-3。
4）竣工结算书：封-4.
5）工程造价鉴定意见书：封-5。

微课视频：工程量
清单计价表格

（2）总说明。
（3）汇总表（表-01）。
1）建设项目招标控制价/投标报价汇总表：表-02。
2）单项工程招标控制价/投标报价汇总表：表-03。
3）单位工程招标控制价/投标报价汇总表：表-04。
4）建设项目竣工结算汇总表：表-05。
5）单项工程竣工结算汇总表：表-06。
6）单位工程竣工结算汇总表：表-07。
（4）分部分项工程和措施项目计价表。
1）措施项目汇总表：表-08。
2）分部分项工程/施工技术措施项目清单计价表：表-09。
3）分部分项工程/施工技术措施项目综合单价分析表（一）：表-09-1。
4）分部分项工程/施工技术措施项目综合单价分析表（二）：表-09-2。
5）分部分项工程/施工技术措施项目综合单价分析表（三）：表-09-3。
6）分部分项工程/施工技术措施项目综合单价分析表（四）：表-09-4。
7）施工组织措施项目清单计价表：表-10。
（5）其他项目计价表。
1）其他项目清单计价汇总表：表-11。
2）暂列金额明细表：表-11-1。
3）材料（工程设备）暂估单价及调整表：表-11-2。
4）专业工程暂估价及结算价表：表-11-3。
5）计日工表：表-11-4。
6）总承包服务费计价表：表-11-5。

7）索赔与现场签证计价汇总表：表-11-6。

8）费用索赔申请（核准）表：表-11-7。

9）现场签证表：表-11-8。

（6）规费、税费项目计价表：表-12。

（7）工程计量申请（核准）表：表-13。

（8）综合单价调整表：表-14。

（9）合同价款支付申请（核准）表。

1）预付款支付申请（核准）表：表-15。

2）进度款支付申请（核准）表：表-16。

3）竣工结算款支付申请（核准）表：表-17。

4）最终结清支付申请（核准）表：表-18。

（10）主要材料、工程设备一览表。

1）发包人提供材料和工程设备一览表：表-19。

2）承包人提供主要材料和工程设备一览表（适用于价格指数差额调整法）：表-20。

3）承包人提供主要材料和工程设备一览表（适用于造价信息差额调整法）：表-21。

2. 使用计价表格规定

（1）工程计价格式。采用统一计价表格格式，招标人与投标人均不得变动表格格式。

（2）工程量清单编制规定。工程量清单编制应符合下列规定：

1）使用表格：封-1、表-08、表-09、表-10、表 11、表-11-1～表-11-5、表-12、表-19、表-20 或表-21。

2）填表要求：

①封面应按规定的内容填写、签字、盖章，由造价人员编制的工程量清单应有负责审核的造价工程师签字、盖章。受委托编制的工程量清单，应由造价工程师签字、盖章及工程造价咨询人盖章。

②总说明应按要求内容填写，例如：工程概况，包括建设规模、工程特征、计划工期、施工现场实际情况、自然地理条件、环境保护要求等；工程招标和专业发包范围；工程量清单编制依据；工程质量、材料、施工等的特殊要求；其他需要说明的问题。

（3）招标控制价、投标报价、竣工结算编制规定。招标控制价、投标报价、竣工结算编制应符合下列规定：

1）使用表格。

①招标控制价：封-2、表-01、表-02、表-03、表-04、表-08、表-09、表-09-1（3）或表-09-2（4）、表-10、表-11、表-11-1～表-11-5、表-12、表-19、表-20 或表-21。

②投标报价：封-3、表-01、表-02、表-03、表-04、表-08、表-09、表-09-1（3）或表-09-2（4）、表-10、表-11、表-11-1～表-11-5、表-12、表-19、表-20 或表-21。

③竣工结算：封-4、表-01、表-05、表-06、表-07、表-08、表-09、表-09-1（3）或表-09-2（4）、表-10、表-11、表-11-2～表 11-8、表-12～表-19、表-20 或表-21。

2）填表要求。

①封面应按规定的内容填写、签字、盖章，除承包人自行编制的投标报价和竣工结算外，受委托编制的招标控制价、投标报价、竣工结算若为造价人员编制的，应由负责审核的造价工程师签字、盖章及工程造价咨询人盖章。

②总说明应按下列内容填写：工程概况（包括建设规模、工程特征、计划工期、合同工期、实际工期、施工现场及变化情况、施工组织设计的特点、自然地理条件和环境保护要求等）；编制依据、计税方法等。

实训任务　房屋维修定额实际单价及劳动定额的编制计算

一、实训目的
通过对房屋维修定额的组成、房屋维修定额实际单价、劳动定额的编制及计算方法的实训，学生能够独立完成相应的定额计算。

二、实训要求
（1）熟悉房屋维修定额的组成。
（2）熟悉房屋维修定额实际单价和劳动定额的编制及计算方法。
（3）根据相关的已知数据计算对应的房屋维修定额实际单价。

三、实训步骤
（1）熟悉房屋维修定额单价的组成。房屋维修定额单价由人工费单价、材料费单价、机械费单价三项价格构成。
（2）根据相关项目进行房屋维修定额实际单价的编制。
（3）熟悉劳动定额相关内容及其表现形式。
（4）根据相关的项目进行定额实际单价及劳动定额计算。

四、实训时间
4学时。

五、实训考核
（1）考核组织。将学生分组，由指导教师进行考核。
（2）考核内容与方式。教师根据计算情况，对学生分析结果进行评分；小组对房屋建筑的维修具体费用进行计算，并提出相应的实训报告等，由指导教师进行评分。

项目小结

（1）房屋维修工程定额是在正常施工条件下，完成单位合格产品所必须消耗的劳动力、材料、机械台班的数量标准。它具有科学性、法定性、群众性、稳定性和时效性。

（2）定额是编制工程计划、组织和管理施工的重要依据；是确定建筑工程造价、编制竣工结算的依据；是定额组织和管理施工的有效工具；是总结、分析和改进生产方法的手段；是编制招标工程标底和投标报价的依据；是推进经济责任制的重要环节；是按劳动分配及经济核算的依据。

（3）房屋维修工程定额主要按其生产要素、用途、编制单位及执行范围、专业性质，以及投资的费用性质进行分类。

（4）房屋维修预算定额由目录、总说明、各分部（章）说明及分项工程说明、工程量计算规则、定额表和有关附录等组成。

（5）预算定额的应用主要是直接套用和换算套用两种形式。

（6）人工消耗量定额的表达形式主要有三种：劳动定额、时间定额和产量定额。

（7）预算定额的人工消耗量——综合工日是由基本用工、超运距用工、辅助用工和人工幅度差组成。

（8）人工日工资单价的主要影响因素有社会平均工资水平、生活消费指数、人工日工资单价的组成内容、劳动力市场供需变化、政府推行的社会保障和福利政策。

（9）材料预算价格主要是由材料消耗量和周转性材料消耗量定额来确定。

（10）确定材料消耗量的基本方法主要有现场技术测定法、实验室实验法、现场统计法和理论计算法。

（11）材料预算价格又称材料预算单价，是指材料由来源地或交货地点，经中间转运，到达工地仓库或施工现场堆放地点后的出库价格。

（12）机械台班定额消耗量是指在正常施工、合理劳动组织的前提下，由技术熟练的工人操作机械完成单位合格产品所需消耗机械时间的数量标准。其表达形式是机械时间定额和机械产量定额。

（13）施工机械台班单价由不变费用和可变费用组成，包含折旧费、检修费、维护费、安拆费及场外运费、人工费、燃料动力费及其他费用的组成和确定。

（14）工程量清单计价表格主要由封面、总说明、汇总表、分部分项工程和措施项目计价表、其他项目计价表、规费、税费项目计价表、工程计量申请（核准）表、综合单价调整表、合同价款支付申请（核准）表、主要材料、工程设备一览表等组成。

综合训练题

一、单项选择题（25×2＝50 分）

1. （　　）是在正常施工条件下，完成单位合格产品所必须消耗的劳动力、材料、机械台班的数量标准。
   A. 建筑工程概算定额　　　　　　　B. 建筑工程预算定额
   C. 建筑工程定额　　　　　　　　　D. 建筑工程估价指标

2. 建筑工程定额的科学性体现在是大多数企业和职工经过努力能够达到的（　　）水平。
   A. 最高　　　　B. 平均　　　　C. 一般　　　　D. 平均先进

3. 定额的（　　）保证了建筑工程统一的造价与核算尺度。
   A. 科学性　　　B. 法令性　　　C. 群众性　　　D. 稳定性

4. 建筑工程定额中的任何一种定额，在一段时期内都表现出稳定的状态。根据具体情况不同，稳定的时间有长有短，一般在（　　）年之间。
   A. 3～5　　　　B. 5～10　　　C. 5～20　　　D. 10～20

5. （　　）是确定房屋修缮工程中一定计量单位的分部分项工程所需消耗的人工、材料和机械台班的数量标准。
   A. 房屋维修工程预算定额　　　　　B. 建筑工程预算定额
   C. 建筑工程概算定额　　　　　　　D. 建筑工程定额

6. 预算定额是对（　　）进行技术经济分析和比较的依据。
   A. 施工图　　　　　　　　　　　B. 设计方案和施工方案
   C. 概算　　　　　　　　　　　　D. 估算
7. （　　）编制概算定额和概算指标的基础。
   A. 预算定额　　B. 估算指标　　C. 扩大指标　　D. 施工定额
8. 预算定额是拨付（　　）和进行工程竣工结算的依据。
   A. 工程造价　　B. 工程价款　　C. 工程结算　　D. 工程款
9. 下列不属于房屋维修预算定额总说明作用的是（　　）。
   A. 预算定额的适用范围、指导思想及目的
   B. 预算定额的编制原则
   C. 使用本定额必须遵守的规则及适用范围
   D. 分部工程所包括的定额项目内容
10. 分部（章）说明中不包括（　　）。
    A. 分部工程所包括的定额项目内容
    B. 分部工程各定额项目工程量的计算方法
    C. 分项工程包括的主要工序及操作方法
    D. 分部工程定额内综合的内容及允许换算和不得换算的界限及其他规定
11. 下列情况不能进行换算的是（　　）。
    A. M10 水泥砂浆砌筑的砖基础　　　B. 1∶3 水泥抹灰砂浆面层
    C. 土方运输距离换算　　　　　　　D. 分项工程的技术特征与定额不一致
12. M7.5 水泥砂浆砌筑砖基础综合单价为（　　）元。
    A. 4648.40　　B. 4611.65　　C. 4722.36　　D. 4753.35
13. 根据国家相关法律、法规和政策规定，因停工学习、执行国家或社会义务等原因，按计时工资标准支付的工资属于人工日工资单价中的（　　）。
    A. 基本工资　　　　　　　　　　B. 奖金
    C. 津贴补贴　　　　　　　　　　D. 特殊情况下支付的工资
14. 根据现行建筑安装工程费用项目组成规定，下列费用项目不包括在人工日工资单价内的有（　　）。
    A. 节约奖　　　　　　　　　　　B. 流动施工津贴
    C. 高温作业临时津贴　　　　　　D. 劳动保护费
15. 已知砌筑 1m³ 砖墙中砖净量和损耗分别为 529.6 块，每块砖体积按 0.146m³ 计算，砂浆损耗率为 10%，则砌筑 1m³ 砖墙的砂浆用量为（　　）m³。
    A. 0.250　　B. 0.253　　C. 0.241　　D. 0.243
16. 关于材料消耗的性质及确定材料消耗量的基本方法，下列说法正确的是（　　）。
    A. 必须消耗的材料量是指材料的净用量
    B. 理论计算法适用于确定材料净用量
    C. 土石方爆破工程所需的炸药、雷管属于非实体材料
    D. 现场统计法主要适用于确定材料损耗量
17. 关于材料单价的计算，下列计算公式中正确的是（　　）。
    A.（供应价格 + 运杂费）×（1 + 运输损耗率）×（1 + 采购及保管费率）

B. （供应价格＋运杂费）/[（1－运输损耗率）×（1－采购及保管费率）]

C. （供应价格＋运杂费）×（1＋采购及保管费率）/（1－采购及保管费率）

D. （供应价格＋运杂费）×（1＋运输损耗率）/（1－采购及保管费率）

18. 在对材料消耗过程测定与观察的基础上，通过完成产品数量和材料消耗量的计算而确定各种材料消耗定额的方法是（　　）。

  A. 实验室试验法　　　　　　　　B. 现场技术测定法
  C. 现场统计法　　　　　　　　　D. 理论计算法

19. 某混凝土输送泵纯工作状态 1h 可输送混凝土 $25m^3$，泵的时间利用系数为 0.75，则该混凝土输送泵的产量定额为（　　）。

  A. $200m^3$/台班　　　　　　　　B. 0.67 台班/$100m^3$
  C. 0.50 台班/$100m^3$　　　　　　D. $150m^3$/台班

20. 确定施工机械台班定额消耗量前需计算机械时间利用系数，其计算公式正确的是（　　）。

  A. 机械时间利用系数＝机械纯工作 1h 正常生产率×工作班纯工作时间
  B. 机械时间利用系数＝1/机械台班产量定额
  C. 机械时间利用系数＝机械在一个工作班内纯工作时间/一个工作班延续时间（8h）
  D. 机械时间利用系数＝一个工作班延续时间（8h）/机械在一个工作班内纯工作时间

21. 某出料容量 750L 的砂浆搅拌机，每一次循环工作中，运料、装料、搅拌、卸料、中断需要的时间分别为 150s、40s、250s、50s、40s，运料和其他时间的交叠时间为 50s，机械利用系数为 0.8。该机械的台班产量定额为（　　）m^3/台班。

  A. 29.79　　　B. 32.60　　　C. 36.00　　　D. 39.27

22. 某出料容量 750L 的混凝土搅拌机，每循环一次的正常延续时间为 9min，机械正常利用系数为 0.9。按 8h 工作制考虑，该机械的台班产量定额为（　　）。

  A. $36m^3$/台班　　　　　　　　B. $40m^3$/台班
  C. 0.28 台班/m^3　　　　　　　D. 0.25 台班/m^3

23. 分部分项工程项目清单计价表是（　　）。

  A. 表-05　　　B. 表-06　　　C. 表-09　　　D. 表-10

24. 表-02 是（　　）。

  A. 建设项目招标控制价/投标报价汇总表
  B. 单项工程招标控制价/投标报价汇总表
  C. 单位工程招标控制价/投标报价汇总表
  D. 建设项目竣工结算汇总表

25. 关于材料预算价格的构成和计算，下列说法中不正确的是（　　）。

  A. 材料预算价格中包括材料仓储费和工地保管费
  B. 材料生产成本的变动直接影响材料单价的波动
  C. 材料采购及保管费包括组织材料采购、供应过程中发生的费用
  D. 材料预算价格是指材料由其来源地运达工地仓库的入库价

二、多选题（10×2＝20 分）

1. 房屋维修定额的性质有（　　）。
   A. 科学性　　　B. 法令性　　　C. 群众性　　　D. 稳定性
2. 按生产要素分类，建筑工程定额分为（　　）。
   A. 劳动消耗定额　　　　　　　B. 材料消耗定额
   C. 机械台班消耗定额　　　　　D. 施工定额
3. 预算定额是编制（　　）和（　　）的依据。
   A. 施工图预算　　B. 确定工程造价　　C. 项目技术　　D. 项目决策
4. 分项工程说明中包括（　　）。
   A. 使用本分部工程允许增减系数范围的界定
   B. 分部工程各定额项目工程量的计算方法
   C. 在定额项目表表头上方说明分项工程工作内容
   D. 本分项工程包括的主要工序及操作方法
5. 定额表包括（　　）。
   A. 分项工程定额编号（子目号）　　B. 分项工程定额名称
   C. 预算价值（基价）　　　　　　　D. 工程款
6. 房屋维修预算定额应用包括（　　）。
   A. 距离换算　　B. 直接套用　　C. 换算套用　　D. 厚度换算
7. 房屋维修预算定额应用直接套用的条件有（　　）。
   A. 分项工程的工程内容定额一致
   B. 分项工程名称单位与定额项目一致
   C. 分项工程的技术特征与定额一致
   D. 分项工程的施工方法与定额一致
8. 影响定额中人工日工资单价的因素包括（　　）。
   A. 社会工资差额　　　　　　　B. 人工日工资单价的组成内容
   C. 劳动力市场供需变化　　　　D. 政府推行的社会保障与福利政策
9. 综合工日费用组成有（　　）。
   A. 基本用工　　B. 辅助用工　　C. 超运距用工　　D. 人工幅度差
10. 下列费用项目中，构成施工仪器仪表台班单价的有（　　）。
    A. 折旧费　　　B. 维护费　　　C. 检修费　　　D. 校验费

三、简答题（5×4＝20 分）

1. 按专业性质的不同分类，建筑工程定额分为什么？
2. 房屋维修预算定额主要由什么组成？
3. 简述房屋维修预算定额的作用。
4. 什么是人工消耗定额？有几种表达形式？
5. 什么是机械台班定额？有几种表现形式？

四、案例分析题（1×10＝10 分）

工程量清单计价模式作为日益普及的工程量计价方式，目前在招标投标领域得到了广泛的应用。工程量清单计价是承包人依据发包人按统一项目（计价项目）设置、统一计量规则和计量单位按规定格式提供的项目实物工程量清单，结合工程实际、市场实际和企业实际，充分考虑各种风险后提出的包括成本、利润和税费在内的综合单价，由此形成工程价格。这种计价方式和计价过程体现了企业对工程价格的自主性，有利于市场竞争机制的形成，符合社会主义市场经济条件下工程价格由市场形成的原则。工程量清单计价的实施对我国工程建设领域的造价改革具有重要的理论意义和现实意义。对施工企业参与竞争、投标报价、经营管理、技术进步等具有深远影响。我国建筑施工企业必须正确应对工程计价方式改革，通过加强经营管理、技术进步、节约成本、合理报价取得竞争的主动权。

例如，工程建筑面积 $746.32m^2$，建筑高度 14.4m，建筑层数为 4 层，砖混结构，整个工程包括土石方工程、基础工程、砌筑工程、钢筋工程、混凝土工程、墙柱面工程、门窗工程、屋地面工程、零星工程等，包含了建筑和装饰工程的大部分内容。在工程量清单计价模式下对工程进行投标活动商务标的编制。工程量清单报价时由投标人填报完成所有工程量清单项目所需的全部费用，包括分部分项工程费用、措施项目费、其他项目费和规费、税费。工程量清单计价采用综合单价的计价方式，综合单价是指完成规定计量单位项目所需的人工费、材料费、施工机械使用费、企业管理费、利润并考虑风险因素。

请问：1. 工程量清单计价表格由什么组成？（5 分）
      2. 工程量清单计价对于投标活动有什么作用？（5 分）

项目八 房屋维修工程造价的确定

学习目标

（1）了解工程量清单含义，给水排水管道、采暖管道与设备、电气设备维修定额的套用方法。

（2）掌握房屋维修工程费用构成，建筑安装工程费用项目组成，工程量清单的编制依据、编程方法和应用，给水排水管道、采暖管道与设备、电气设备维修工程量的计算规则。

（3）熟悉房屋维修工程造价计算，房屋维修工程分项工程量计算方法和使用。

能力目标

（1）能列表归纳房屋维修工程费用的分类，培养利用图表表述确定房屋维修工程费用构成的能力。

（2）培养运用工程量清单的相关知识，进行房屋分部分项工程项目清单编制的能力。

（3）培养运用房屋设备维修工程预算的相关知识，进行房屋设备维修工程预算的编制能力。

（4）通过完成个人实训任务，培养自我学习的意识和严谨的计算能力。

素质目标

（1）在学习过程中培养学生的职业理想，具有勇往直前、乐观向上的态度。

（2）培养学生的法律知识，具有规范编写房屋维修工程费用的能力。

（3）在房屋维修工程造价的计算的实训环节中，培养学生的职业道德与爱岗敬业精神，具有身体力行、践行服务责任的意识。

（4）通过实训培养学生的语言表达能力。

学习任务一 房屋维修工程费用构成及工程造价计算

案例导入 8-1

房屋修缮工程是为修复既有建筑物损坏，维护和改善其使用功能，延长其使用年限而进行的鉴定、设计、维修、更新改造等方面工作，它是建设项目全寿命周期管理过程中不可或缺的重要组成部分，直接影响建设项目的使用寿命及全寿命周期中的维护成本。与新建工程相比，房屋修缮工程具有工程规模不大、内容繁杂、作业面分散、不可预见因素多、工期紧张、专业性强等特点。修缮工程造价管理是对修缮工程从设计立项、招投标、工程实施到竣工结算的全过程造价控制。有研究表明，在房屋全寿命周期造价管理过程中，后期修缮工程费用远高于一次性建造费用。因此，加强房屋修缮造价管理，对有效降低全寿命周期造价，科学控制修缮工程投资起到重要作用。

房屋修缮工程造价控制中存在的问题主要有设计图纸深度不足、工程量确定难度大、合同约定不明确、施工变更洽商多及专业人员投入不足。修缮工程造价控制主要从设计立项阶段及造价咨询阶段入手。

1. 设计立项阶段的造价控制

修缮工程设计要满足造价控制要求，设计人员不仅应按照各专业设计规范、建筑工程设计文件编制深度规定进行设计工作，还应结合设计任务书在施工现场进行充分踏勘，对既有各专业竣工图样、改造图样等工程资料进行详细审查，了解土建、暖通、电气、消防等专业的原有材料、施工做法、荷载设计，在此基础上，将修缮改造需求落实到设计方案中，准确地描述工程既有情况及变化情况，细化工程做法及节点大样，按照限额设计要求优化设计方案，完成图样设计，保证图样的完备性、准确性，为后期工程量清单和招标控制价的编制及施工管理提供准确依据，最大限度地减少后期变更洽商的发生。

2. 造价咨询阶段的造价控制

工程量清单及招标控制价的准确完整性直接影响合同及结算价格，造价人员除了应对设计图样进行细致审核计算，还应进行现场踏勘，明确利旧、新做范围，核算工程量，根据实际需要确定暂估价及暂列金额。工程造价清单编制应注意项目特征描述与图样要求一致，对于主材及设备价格套用标准，需在招标控制价文件中说明参考品牌档次，以此作为编制招标文件、签订合同、施工管理、竣工结算的重要依据。

请问：房屋修缮（维修）工程造价应注意什么？

一、房屋维修工程费用构成

1. 房屋维修工程费用分类

房屋维修工程定额是在正常施工条件下，完成单位合格产品所必须消耗的劳动力、材料、机械台班的数量标准。这种量的规定，反映出完成建设工程中的某项合格产品与各种生产消耗之间特定的数量关系。

微课视频：房屋维修工程费用构成

房屋维修工程费用主要包括建筑安装工程费、规费和税费。其中，建筑安装工程费按费用构成要素分为人工费、材料费、施工机具使用费、企业管理费、利润；按造价形式分为分部分项工程费、措施项目费、其他项目费等。

2. 建筑安装工程费用组成

建筑安装工程费用按造价形式划分为分部分项工程费、措施项目费、其他费用等。

（1）分部分项工程费：是指建筑安装工程的分部分项工程发生的人工费、材料费、施工机具使用费、企业管理费、利润和风险费。

1）人工费：是指按工资总额构成规定，支付给从事建筑安装工程施工的生产工人和附属生产单位工人的各项费用。

①计时工资或计件工资：是指按计时工资标准和工作时间或对已做工作按计件单价支付给个人的劳动报酬。

②奖金：是指对超额劳动和增收节支支付给个人的劳动报酬。

③津贴补贴：是指为了补偿职工特殊或额外的劳动消耗和因其他特殊原因支付给个人的津贴，以及为了保证职工工资水平不受物价影响支付给个人的物价补贴。

④加班加点工资：是指按规定支付的在法定节假日工作的加班工资和在法定日工作时间外延时工作的加点工资。

⑤特殊情况下支付的工资：是指根据国家法律、法规和政策规定，因病、工伤、产假、计划生育假、婚丧假、事假、探亲假、定期休假、停工学习、执行国家或社会义务等原因，按计时工资标准或计件工资标准的一定比例支付的工资。

2）材料费：是指施工过程中耗费的原材料、辅助材料、构配件、零件、半成品或成品、工程设备的费用。

①材料原价：是指材料、工程设备的出厂价格或商家供应价格。

②运杂费：是指材料、工程设备自来源地运至工地仓库或指定堆放地点所发生的全部费用。

③运输损耗费：是指材料在运输装卸过程中不可避免的损耗。

④采购及保管费：是指为组织采购、供应和保管材料、工程设备的过程中所需要的各项费用。包括采购费、仓储费、工地保管费、仓储损耗。

其中，工程设备是指构成或计划构成永久工程一部分的机电设备、金属结构设备、仪器装置及其他类似的设备和装置。

3）施工机具使用费：是指施工作业所发生的施工机械、仪器仪表使用费。

①施工机械使用费：是指施工机械作业所发生的施工使用费，以及机械安拆费和场外运输费。

施工机械台班单价由材料费、检修费、维护费、安拆费及场外运输费、人工费、燃料动力费、其他费所组成。

折旧费：是指施工机械在规定的耐用总台班内，陆续收回其原值的费用。

检修费：是指施工机械在规定的耐用总台班内，按规定的检修间隔进行必要的检修，以恢复其正常功能所需的费用。

维护费：是指施工机械在规定的耐用总台班内，按规定的维护间隔进行各级维护和临时故障排除所需的费用，保障机械正常运转所需替换设备与随机配备工具附具的摊销费用，机械运转及日常维护所需润滑与擦拭的材料费用，以及机械停滞期间的维护费用等。

安拆费及场外运输费：安拆费是指中、小型施工机械在现场进行安装与拆卸所需的人工费、材料费，机械和试运转费用，以及机械辅助设施的折旧费、搭设费、拆除费等；场外运输费是指中、小型施工机械整体或分体自停放地点运至施工现场，或由一施工地点运至另一施工地点的运输、装卸、辅助材料、回程等费用。

人工费：是指机上司机（司炉）和其他操作人员的人工费。

燃料动力费：是指施工机械在运转作业中所耗用的燃料及水、电等费用。

其他费：是指施工机械按照国家规定应缴纳的车船税、保险费及检测费等。

②仪器仪表使用费：是指工程施工所需使用的仪器仪表的摊销及维修费用。

4）企业管理费：是指建筑安装企业组织施工生产和经营管理所需的费用，包括管理人员工资、办公费、差旅交通费、固定资产使用费、工具用具使用费、劳动保险和职工福利费、劳动保护费、工会经费、职工教育经费、财产保险费、财务费、税费及其他费。

①管理人员工资：是指按规定支付给管理人员的计时工资、奖金、津贴补贴、加班加点工资及特殊情况下支付的工资等。

②办公费：是指企业管理办公用的文具、纸张、账表、印刷、邮电、书报、办公软件、现场监控、会议、水电、烧水和集体取暖降温（包括现场临时宿舍取暖降温）等费用。

③差旅交通费：是指职工因公出差、调动工作的差旅费、住勤补助费、市内交通费和误餐补助费，职工探亲路费，劳动力招募费，职工退休、退职一次性路费，工伤人员就医路费，工地转移费，以及管理部门使用的交通工具的油料、燃料等费用。

④固定资产使用费：是指管理和试验部门及附属生产单位使用的属于固定资产的房屋、设备、仪器等的折旧、大修、维修或租赁费。

⑤工具用具使用费：是指企业施工生产和管理使用的不属于固定资产的工具、器具、家具、交通工具和检验、试验、测绘、消防用具等的购置、维修和摊销费。

⑥劳动保险和职工福利费：是指由企业支付的职工退职金、按规定支付给离休干部的经费，以及集体福利费、夏季防暑降温、冬季取暖补贴、上下班交通补贴等。

⑦劳动保护费：是企业按规定发放的劳动保护用品的支出，如工作服、手套、防暑降温饮料，以及在有碍身体健康的环境中施工的保健费用等。

⑧工会经费：是指企业按《工会法》规定的全部职工工资总额比例计提的工会经费。

⑨职工教育经费：是指按职工工资总额的规定比例计提，企业为职工进行专业技术和职业技能培训，专业技术人员继续教育、职工职业技能鉴定、职业资格认定及根据需要对职工进行各类文化教育所发生的费用。

⑩财产保险费：是指施工管理用财产、车辆等的保险费用。

⑪财务费：是指企业为施工生产筹集资金或提供预付款担保、履约担保、职工工资支付担保等所发生的各种费用。

⑫税费：是指企业按规定缴纳的房产税、车船使用税、土地使用税、印花税等。

⑬其他费：包括技术转让费、技术开发费、投标费、业务招待费、广告费、公证费、法律顾问费、审计费、咨询费、保险费、建设工程综合（交易）服务费，以及配合工程质量检测取样送检或为送检单位在施工现场开展有关工作所发生的费用等。

5）利润：是指施工企业完成所承包工程获得的盈利。

6）风险费：是指一般风险费和其他风险费。

①一般风险费：是指工程施工期间因停水、停电、材料设备供应及材料代用等不可预见的一般风险因素影响正常施工而又不便计算的损失费用。内容包括：一月内临时停水、停电在工作时间16h以内的停工、窝工损失；建设单位供应材料设备不及时，造成的停工、窝工每月在8h以内的损失；材料的理论质量与实际质量的差；材料代用（不包括建筑材料中钢材的代用）。

②其他风险费：是指一般风险费外，招标人根据《建设工程工程量清单计价规范》（GB 50500—2013）、《重庆市建设工程工程量清单计价规则》（CQJJGZ—2013）的有关规

定，在招标文件中要求投标人承担的人工、材料、机械价格及工程量变化导致的风险费用。

（2）措施项目费：是指建筑安装工程施工前和施工过程中发生的技术、生活、安全、环境保护等费用，包括人工费、材料费、施工机具使用费、企业管理费、利润和一般风险费。措施项目费分为施工技术措施项目费与施工组织措施项目费。

1）施工技术措施项目费。

①特、大型施工机械设备进出场及安拆费：进出场费是指特、大型施工机械整体或分体自停放地点运至施工现场，或由一施工地点运至另一施工地点的运输费、装卸费、辅助材料费、回程费等费用；安拆费是指特、大型施工机械在现场进行安装与拆卸所需的人工费、材料费、机械和试运转费用，以及机械辅助设施的折旧费、搭设费、拆除费等费用。

②脚手架费：是指施工需要的各种脚手架搭、拆、运输费用，以及脚手架购置费的摊销或租赁费用。

③混凝土模板及支架费：是指混凝土施工过程中需要的各种模板和支架等的支、拆、运输费用，以及模板、支架的摊销或租赁费用。

④施工排水及降水费：是指为确保工程在正常条件下施工，采取各种排水、降水措施所发生的各种费用。

⑤其他技术措施费：是指除上述技术措施项目外，各专业工程根据工程特征所采用的技术措施项目费用，具体项目见表8-1。

表8-1　相关专业工程及施工技术措施

专业工程	施工技术措施项目
房屋建筑与装饰工程	垂直运输、超高施工增加
仿古建筑工程	垂直运输
通用安装工程	垂直运输、超高施工增加、组装平台、抱（拔）杆、防护棚、胎（模）具、充气保护
市政工程	围堰、便道及便桥、洞内临时设施、构件运输
园林绿化工程	树木支撑架、草绳绕树干、搭设遮阴（防寒）、围堰
构筑物工程	垂直运输
城市轨道交通工程	围堰、便道及便桥、洞内临时设施、构件运输
爆破工程	爆破安全措施项目

注：表内未列明的施工技术措施项目，可根据各专业工程实际情况增加。

2）施工组织措施项目费：主要包括组织措施费、安全文明施工费、建设工程竣工档案编制费、住宅工程质量分户验收费。

①组织措施费：主要由夜间施工增加费、二次搬运费、冬（雨）期施工增加费、已完工程及设备保护费和工程定位复测费等组成。

夜间施工增加费：是指因夜间施工所发生的夜班补助费、夜间施工降效、夜间施工照明设备摊销及照明用电等费用。

二次搬运费：是指因施工场地条件限制而发生的材料、构配件、半成品等一次运输不能到达堆放地点，必须进行二次或多次搬运所发生的费用。

冬（雨）期施工增加费：是指在冬期或雨期施工需增加的临时设施、防滑、排除雨雪、人工及施工机械效率降低等费用。

已完工程及设备保护费：是指竣工验收前，对已完工程及设备采取的必要保护措施所发生的费用。

工程定位复测费：是指工程施工过程中进行全部施工测量放线、复测费用。

②安全文明施工费：主要是由环境保护费、文明施工费、安全施工费及临时设施费等组成。

环境保护费：是指施工现场为达到环保部门要求所需要的各项费用。

文明施工费：是指施工现场文明施工所需要的各项费用。

安全施工费：是指施工现场安全施工所需要的各项费用。

临时设施费：是指施工企业为进行建设工程施工所必须搭设的生活和生产用的临时建筑物、构筑物和其他临时设施费用，包括临时设施的搭设费、维修费、拆除费、清理费和摊销费等。

③建设工程竣工档案编制费：是指施工企业根据建设工程档案管理的有关规定，在建设工程施工过程中收集、整理、制作、装订、归档具有保存价值的文字、图样、图表、声像、电子文件等各种建设工程档案资料所发生的费用。

④住宅工程质量分户验收费：是指施工企业根据住宅工程质量分户验收规定，进行住宅工程分户验收工作发生的人工费、材料费、检测工具费、档案资料费等费用。

（3）其他费用：是指由暂列金额、暂估价、计日工和总承包服务费组成的其他项目费用。包括人工费、材料费、施工机具使用费、企业管理费、利润和一般风险费。

1）暂列金额：是指招标人在工程量清单中暂定并包括在工程合同价款中的一笔款项。用于施工合同签订时尚未确定或者不可预见的所需材料、工程设备、服务的采购，施工中可能发生的工程变更、合同约定调整因素出现时的工程价款调整，以及发生的索赔、现场签证确认等的费用。

2）暂估价：是指招标人在工程量清单中提供的用于支付必然发生但暂时不能确定价格的材料、工程设备的单价及专业工程的金额。

3）计日工：是指在施工过程中，承包人完成发包人提出的施工图样以外的零星项目或工作，按合同约定计算所需的费用。

4）总承包服务费：是指总承包人为配合协调发包人进行专业工程分包，同期施工时提供必要的简易架料、垂直吊运和水电接驳、竣工资料汇总整理等服务所需的费用。

（4）规费：是指根据国家法律、法规规定，由省级政府和省级有关权力部门规定必须缴纳或计取的费用，包含社会保险费、住房公积金。

1）社会保险费：主要包含养老保险费、工伤保险费、医疗保险费、生育保险费、失业保险费。

①养老保险费：是指企业按照规定标准为职工缴纳的基本养老保险费。

②工伤保险费：是指企业按照规定标准为职工缴纳的工伤保险费。

③医疗保险费：是指企业按照规定标准为职工缴纳的基本医疗保险费。

④生育保险费：是指企业按照规定标准为职工缴纳的生育保险费。

⑤失业保险费：是指企业按照规定标准为职工缴纳的失业保险费。

2）住房公积金：是指企业按规定标准为职工缴纳的住房公积金。

（5）**税费**：是指国家税法规定的应计入建筑安装工程造价的增值税、城市维护建设税、教育费附加、地方教育附加及环境保护税。

二、房屋维修工程造价的计价程序

微课视频：房屋维修
工程造价的计价程序

计算公式：

单位工程总造价 = 分部分项工程费 + 措施项目费 + 其他项目费 + 规费 + 税费　　(8-1)

单位工程计价程序见表8-2。

表8-2　单位工程计价程序

序号	项目名称	计算公式
1	分部分项工程费	
2	措施项目费	2.1 + 2.2
2.1	技术措施项目费	
2.2	组织措施项目费	
其中	安全文明施工费	
3	其他项目费	3.1 + 3.2 + 3.3 + 3.4 + 3.5
3.1	暂列金额	
3.2	暂估价	
3.3	计日工	
3.4	总承包服务费	
3.5	索赔及现场签证	
4	规费	
5	税费	5.1 + 5.2 + 5.3
5.1	增值税	(1 + 2 + 3 + 4 − 甲供材料费) × 税率
5.2	附加税	
5.3	环境保护税	按实计算
6	合价	1 + 2 + 3 + 4 + 5

1. 分部分项工程费

计算公式：

分部分项工程费 = 分部分项工程工程量 × 综合单价　　(8-2)

其中，综合单价是指完成一个规定清单项目所需的人工费、材料费、施工机具使用费和企业管理费、利润及一定范围内的风险费用。

房屋建筑工程、仿古建筑工程、构筑物工程、市政工程、城市轨道交通的盾构工程及地下工程和轨道工程、机械（爆破）土石方工程、房屋建筑修缮工程的综合单价计算程序见表8-3。

表 8-3 综合单价计算程序

序号	费用名称	一般计税法计算公式
1	定额综合单价	1.1 + … + 1.6
1.1	定额人工费	
1.2	定额材料费	
1.3	定额施工机具使用费	
1.4	企业管理费	（1.1+1.3）×费率
1.5	利润	（1.1+1.3）×费率
1.6	一般风险费	（1.1+1.3）×费率
2	人材机价差	2.1+2.2+2.3
2.1	人工费价差	合同价（信息价、市场价）–定额人工费
2.2	材料费价差	不含税合同价（信息价、市场价）–定额材料费
2.3	施工机具使用费价差	2.3.1+2.3.2
2.3.1	机上人工费价差	合同价（信息价、市场价）–定额机上人工费
2.3.2	燃料动力费价差	不含税合同价（信息价、市场价）–定额燃料动力费
3	其他风险费	
4	综合单价	1+2+3

2. 工程费用标准

由于不同房屋建筑工程的工程费用标准不同，因此在计算企业管理费、组织措施费、利润、规费和风险费等需查询费用标准表的相关数据。其中房屋建筑修缮工程以定额人工费与定额施工机具使用费之和为费用计算基础，费用标准见表 8-4。

表 8-4 工程费用标准

专业工程		一般计税法			简易计税法			利润（%）	规费（%）
		企业管理费（%）	组织措施费（%）	一般风险费（%）	企业管理费（%）	组织措施费（%）	一般风险费（%）		
房屋建筑工程	公共建筑工程	24.10	6.20	1.5	24.47	6.61	1.6	12.92	10.32
	住宅工程	25.60	6.88		25.99	7.33		12.92	10.32
	工业建筑工程	26.10	7.90		26.50	8.42		13.30	10.32
房屋建筑修缮工程		18.51	5.55		18.79	5.91		8.45	7.2

3. 措施项目费

计算公式：

$$措施项目费 = 技术措施项目费 + 组织措施项目费 \tag{8-3}$$

$$技术措施项目费 = \Sigma 技术措施项目工程量 \times 综合单价 \tag{8-4}$$

$$组织措施项目费 = （定额人工费 + 定额施工机具使用费）\times 费率 \tag{8-5}$$

其中，安全文明施工费按现行建设工程安全文明施工费管理的有关规定执行，调整后的费用标准见表 8-5。

表 8-5　安全文明施工费调整后的费用标准

专业工程		计算基础	一般计税法（%）	简易计税法（%）
房屋建筑工程	公共建筑工程	工程造价	3.59	3.74
	住宅工程			
	工业建筑工程		3.41	3.55
仿古建筑工程			3.01	3.14
构筑物工程	烟囱、水塔、筒仓		3.19	3.33
	贮水、生化池		3.35	3.49

4. 规费

计算公式：

$$规费 = (定额人工费 + 定额施工机具使用费) \times 费率 \qquad (8-6)$$

5. 税费

计算公式：

$$税费 = 增值税 + 附加税 + 环境保护税 \qquad (8-7)$$

增值税、城市维护建设税、教育费附加、地方教育附加及环境保护税按照国家和重庆市相关规定执行，税费标准见表 8-6。

表 8-6　税费标准

税目		计算基础	工程在市区（%）	工程在县城、城镇（%）	不在市区及县、城镇（%）
增值税	一般计税方法	税前造价	10		
	简易计税方法		3		
附加税	城市维护建设税	增值税税额	7	5	1
	教育费附加		3	3	3
	地方教育附加		2	2	2
环境保护税		按实计算			

注：1. 当采用增值税一般计税方法时，税前造价不含增值税进项税额。
　　2. 当采用增值税简易计税方法时，税前造价应包括增值税进项税额。

三、房屋维修工程造价的计算实例

某建筑工程中分部分项工程费为 90 万元，措施项目费为 9 万元，其他项目费为 3 万元，规费为 3 万元，该工程无甲供材料，工程所在地在重庆市江北区（增值税税率为 10%，附加税税率为 10.2%），则该建筑工程的工程造价为多少？

微课视频：房屋维修工程造价的计算实例

（1）本例涉及的表格为表 8-7。

表 8-7　单位工程计价程序

序号	项目名称	计算公式
1	分部分项工程费	
2	措施项目费	2.1 + 2.2

(续)

序号	项目名称	计算公式
2.1	技术措施项目费	
2.2	组织措施项目费	
其中	安全文明施工费	
3	其他项目费	3.1+3.2+3.3+3.4+3.5
3.1	暂列金额	
3.2	暂估价	
3.3	计日工	
3.4	总承包服务费	
3.5	索赔及现场签证	
4	规费	
5	税费	5.1+5.2+5.3
5.1	增值税	(1+2+3+4-甲供材料费)×税率
5.2	附加税	
5.3	环境保护税	按实计算
6	合价	1+2+3+4+5

（2）本例涉及的相关计算公式有：

工程造价 = 分部分项工程费 + 措施项目费 + 其他项目费 + 规费 + 税费

税费 = 增值税 + 附加税

增值税 =（分部分项工程费 + 措施项目费 + 其他项目费 + 规费 - 甲供材料费）× 税率

附加税 = 增值费 × 费率

根据重庆市 2018 费用定额计算：

（1）增值税 =（分部分项工程费 + 措施项目费 + 其他项目费 + 规费 - 甲供材料费）× 税率
   =（90 + 9 + 3 + 3）× 10% = 10.5（万元）

（2）附加费 = 增值税 × 税率 = 10.5 × 10.2% = 1.071（万元）

（3）税费 = 增值税 + 附加税 = 10.5 + 1.071 = 11.571（万元）

（4）工程造价 = 分部分项工程费 + 措施项目费 + 其他项目费 + 规费 + 税费
   = 90 + 9 + 3 + 3 + 11.571 = 116.571（万元）

答：该建筑工程的工程造价为 116.571 万元。

学习任务二　房屋维修施工图预算的编制

案例导入 8-2

为加快我国工程投资体制改革和建设管理体制改革，进一步实现我国工程造价管理模式由计划经济下的定额模式逐步向由市场定价的计价和与国际惯例接轨的新模式转变，自

2003年起，我国开始在全国范围内逐步推广工程量清单计价方法，并规定全部使用国有资金投资或国有资金投资为主的大中型建设工程必须采用工程量清单计价；对于非国有资金投资的工程建设项目，由项目业主自主确定是否采用工程量清单方式计价。2008年对原建设部标准定额司制定的《建设工程工程量清单计价规范》（GB 50500—2003）进行了修订，推出了《建设工程工程量清单计价规范》（GB 50500—2008），更加深入推动了我国工程造价管理模式的改革工作，进一步规范了建设工程计价方法和行为。

工程量清单计价的优势主要有：

1. 利于实现招标的本质

清单计价中，工程量清单是由招标人负责编制的，将要求投标人完成的工程项目的实体数量全部列出，为投标人提供拟建工程的基本内容、实体数量和质量要求等基础信息，避免了各投标单位的预算人员因工程量计算和理解的差异而引起各方在工程量方面的分歧，使得各投标人的竞争活动有了一个共同基础，机会均等，体现了招投标公平、公正的立意。

2. 利于发包方选择质优价廉的施工企业

发包方总是希望所建工程质量好、价格低。在工程质量相同的情况下，管理优秀、技术力量强的施工企业的施工成本就会较低，相应的报价也会较低。如大规模的混凝土工程，有经验的施工企业可以通过合理的使用水泥外加剂和适当的调整配合比，既可降低材料成本，又可以改善材料性能，并且采取相应先进的技术措施和组织管理措施降低周转材料的破损率，从而达到使整个工程造价大幅度降低的效果。在管理费用上，管理能力强或管理效率高的施工企业，可同时经营多个工程，分摊到每个工程的管理费用便更少。材料供应上，资质良好的施工企业可通过自身平时积累的材料供应网络、进货渠道、供应方式、付款方式和商业信用等管理措施，进一步降低成本。企业可根据报价策略合理确定利润空间，还可根据工程条件选择发挥自身优势合理的施工方案，确立招标投标中自身的竞争优势。

3. 实现了建设双方的风险共担

建设单位承担工程量计算的风险，施工单位承担综合单价的风险。

4. 利于施工企业改进管理方式和施工方式，增强竞争力

企业在竞争中可以发现自身在管理上和施工中的不足，根据实际情况进一步改进自身管理模式和施工方法，关注新技术、新工艺的发展，进一步节约成本、提高效率，同时拓宽材料采购等方式，使企业在报价时从容面对多变的形势，从而增强企业综合竞争力。同样，清单计价容易造成索赔，由于清单计价固定的是综合单价，承包商对工程量清单单价包含的工作内容一目了然，故凡建设方不按清单内容施工的，任意要求修改清单的，都会增加施工索赔的因素。

请问：房屋维修工程量清单计价的优势是什么？

一、房屋维修施工图预算的编制依据

1. 工程量清单

（1）定义。工程量清单是建设工程的分部分项工程项目、措施项目、其他项目、规费项目和税费项目的名称和相应数量等的明细清单。由分部分项工程量清单、措施项目清单、其他项目清单、规费清单和税费清单组成。

微课视频：房屋维修工程量清单计价

（2）适用范围。全部国有或国有资金为主（50%以上或实际控股）的必须采用；非国有的宜采用；规定采用其他计价规范的，不采用。

（3）作用。

1）提供一个平等的竞争条件。

2）满足市场经济条件下竞争的需要（管理竞争水平）。

3）有利于提高工程计价效率。

4）有利于工程款的拨付和工程造价的最终结算：中标价是确定合同价的基础，投标清单上的单价就成了拨付工程款的依据。

5）有利于业主对投资的控制。

2. 分部分项工程项目清单

以 A.2 石方工程为例。石方工程工程量清单项目设置、项目特征描述的内容、计量单位及工程量计算规则，应按表8-8 A.2 石方工程（编号：010102）执行。

表8-8　A.2 石方工程（编号：010102）

项目编码	项目名称	项目特征	计量单位	工程量计算规则	工作内容
010102001	挖一般石方	1. 岩石类别 2. 开凿深度 3. 弃渣运距	m³	按设计图示尺寸以体积计算	1. 排地表水 2. 凿石 3. 运输
010102002	挖沟槽石方			按设计图示尺寸沟槽底面积乘以挖石深度以体积计算	
010102003	挖基坑石方			按设计图示尺寸基坑底面积乘以挖石深度以体积计算	

（1）编码。编码必须载明项目编码、项目名称、项目特征、计量单位和工程量。

编码规则如下：专业2+分类2+分部2+分项3+名称3=12 编码。

（2）名称。项目名称应按专业工程工程量计算规范附录的项目名称结合拟建工程的实际确定。项目名称为分项工程项目名称，是形成分部分项清单项目名称的基础。项目名称表达应详细、准确，如有缺陷，招标人补充，并报备当地造价管理机构（省级）。

（3）特征。项目自身价值的本质特征是确定综合单价不可缺少的依据，是区分清单的依据和履行合同的基础。按各专业工程工程量计算规范附录中规定的项目特征，结合技术规范、标准图集、施工图样，按照工程结构、使用材质及规格或安装位置等，予以详细表述，独有的特征，清单编制人视项目具体情况确定。工程内容（计算规范附录中有描述）编制清单时，通常无须描述。

（4）单位。

1）重量：吨（t），小数点后有效数字3位；或者千克（kg），小数点后有效数字2位。

2）体积：立方米（m³），小数点后有效数字2位。

3）面积：平方米（m²），小数点后有效数字2位。

4）长度：米（m），小数点后有效数字2位。

5）自然计量单位：个、套、块、樘、组、台……，整数。

6）没有具体数量的项目：宗、项……，整数。

（5）计算规则。

1）清单项目的工程量一般应以实体工程量为准，净值计算；投标人报价时，应在单价中考虑施工中的各种损耗和需要增加的工程量。

2）工程量的计算规则按专业划分九大类。

3. 措施项目清单

（1）列项计算：计算基础×费率（安全文明、夜、非夜、二次、冬雨期施工、保护费）。

（2）综合单价计价：脚手架、模架、垂直、超高、大型、排水、降水。

措施项目清单见表8-9。

表8-9 措施项目清单

其他项目清单	特点	填写人
暂列金额	不一定发生，施工中可能发生的工程变更、合同约定调整因素出现时的合同价款调整，以及发生的索赔、现场签证确认等的费用	招标人填写，投标人计入投标总价中
暂估价	一定发生，不能确定价格的材料、工程设备及专业工程的金额	暂估单价、工程设备暂估价：单价，招标人填写，计入清单综合单价
		专业工程暂估价：综合价，包括人工费、材料费、机械费、管理费和利润，分不同专业列明细表。招标人填写，投标人将此计入投标总价，按合同约定金额结算
计日工	承包人完成发包人提出的工程合同范围以外的零星项目或工作，按合同中约定的单价计价的一种方式	项目名称、暂定数量，招标人招标控制价时确定
		投标时，单价自主报，按暂定数量计算合价计入总价
		结算时，按双方确认的实际数量计算合价
总承包服务费	总承包人为配合协调发包人进行的专业工程发包，对发包人自行采购的材料、工程设备等进行保管，以及施工现场管理、竣工资料汇总整理等服务所需的费用	项目名称、服务内容，招标控制价，费率及金额由招标人按计价规定确定
		投标时，费率及金额自主报价，计入总价

4. 编制依据

工程量清单的编制应遵循相关规范中附录所规定的工程量计算规则、各分部分项工程分类、项目编码及计量单位、项目名称统一的原则。企业自主进行报价，反映企业自身的施工方法、人工材料、机械台班消耗量水平及价格、取费等由企业自定或自选，但须在政府宏观控制下，由市场全面竞争形成工程造价的价格运行机制。工程量清单的编制既要统一清单工程量计算规则、规范建设工程的计价行为，也要统一建设工程量清单的计算方法。

二、工程量清单的编制方法和步骤

1. 工程量清单的编制方法

（1）工程量清单是招标文件的组成部分。

（2）招标人对各分部分项工程、以分部分项工程项目清单设置的措施项

微课视频：工程量清单的编制方法和步骤

目的工程量的准确性和完整性负责。

（3）投标人应结合企业自身实际、参考市场组合报价，并对其承担风险。

2. 工程量清单的编制步骤

工程量清单的编制主要根据工程量清单计价和计量规范、施工组织设计、施工规范、验收规范进行。其主要步骤是：收集准备编制资料，熟悉图样和招标书内容（确定项目名称、编码、特征、计量单位等），核算工程量清单中工程量，计算分部分项工程量清单综合单价分析表，填写分部分项工程量清单计价表，计算措施项目费分析表，填写措施项目清单计价表，填写主要材料价格，填写单位工程费汇总表，填写单项工程费汇总表，填写工程项目总价表和工量清单报价表封面。

三、房屋维修工程分项工程量的计算与清单的使用

微课视频：房屋维修工程分项工程量的计算与清单的使用

1. 工程量的概念

工程量是以物理计量单位或自然计量单位表示的各具体的建筑分项工程和结构构件的实物数量。其计量单位必须与定额单位一致。

物理计量单位指须经公制量度的具有物理性质的单位，如"m、m^2、m^3、t、kg"等单位。

自然计量单位指不需要量度的具有自然属性的单位，如"个、组、件、套"等单位。

2. 工程量计算的意义

（1）工程量计算工作直接影响预算的及时性。

（2）工程量计算正确与否直接影响工程造价的准确性。

（3）工程量的计算是编制工程量清单计价的重要环节。

3. 工程量计算的一般规则

（1）根据设计图样计算工程量。

（2）工作内容、范围必须与清单规范中相应分项工程所包含的内容和范围相一致。

（3）工程量计量单位必须与清单规范单位相一致。

（4）工程量计算规则要与现行清单规范要求一致。

（5）计算的精确程度要求。

工程量的计算结果，除了钢材、木材以 t 为单位的，取三位小数，其余物理计量单位（如 kg、m^2、m^3）一般取小数点后两位；自然计量单位（如个、座）一般取整数。

4. 工程量计算顺序

单位工程工程量计算顺序是：

（1）按图样编号顺序计算：根据图样排列的先后顺序，由建筑施工图到结构施工图；每个专业图样由前到后，先算平面，后算立面，再算剖面；先算基本图，再算详图。

（2）按清单规范的分部分项顺序计算：按清单规范的章、节、子目次序，由前到后，逐项对照，定额项与图样设计内容能对上号时就计算。这种方法一是要首先熟悉图样，二是要熟练掌握清单规范。

（3）按施工顺序计算：按施工顺序计算工程量，就是先施工的先算，后施工的后算，即由平整场地、基础挖土算起，直到装饰工程等全部施工内容结束为止。如带形基础工程，

项目八　房屋维修工程造价的确定

它一般是由挖基槽土方、做垫层、砌基础和回填土等四个分项工程组成，各分项工程量计算顺序就可采用：挖基槽土方—做垫层—砌基础—回填土。

学习任务三　房屋设备维修工程预算的编制

案例导入8-3

　　近年来，随着国有企业精益管理推进力度逐年加大，不断深化各项降本增效措施，严控费用预算审批，压缩各项费用开支，尤其是维修费用预算，客观上导致批复的维修预算费用与提报的维修需求费用差距越来越大。如何合理分配维修预算，将有限的预算花在刀刃上，解决维修需求日益增长与不平衡、不充分的预算分配使用之间的矛盾成为亟待思考与解决的问题。房屋维修预算管理的改进措施主要是精益管理。首先是对企业"物、事、人"要素管理的集合提出精益求精要求，是从物的形象化向事的规范化、进而促进人的习惯化、实现企业高质量发展的过程，从而"消除浪费、提高效率"。房屋维修预算管理也是如此，在改进优化时首先也应重新"格物理事"，重建物的规矩（标准）、事的规矩（方法）和人的规矩（素养），从而"育人兴企"。

1. 对房屋进行"网格化"管理

　　在房屋管理上，人人都应是管理主体。引入"体检"概念，对房屋进行"网格化"管理。根据房产总体状况和各单位人员编制情况，设置三级房屋网格管理员，构建形成房屋网格化管理体系，明确职责，确保每套房产都有明确的房屋责任人。其中，将零星维修的项目包装为大修项目等，反映出房屋维修预算审批方法不合理的问题。三级网格员为房屋责任人，负责对房屋定期体检，并出具体检报告；二级网格员为维修预算员，负责制定房屋维修计划，编制房屋维修预算；一级网格员为预算管理员，负责抽查复核各单位房屋体检报告和维修计划，汇总所有房屋维修预算。

2. 明确房屋维修预算各项标准

　　为提高房屋维修预算信息质量，首先应对房屋维修的相关标准做实做细，确保房屋维修预算管理的各项流程节点都有据可依、有据必依。如明确房屋体检项目和分类标准参考房屋建筑验收相关标准文件，将房屋健康状况检查需要关注的项目分为房屋结构、房屋装修、附属建筑物、构筑物四大类，房屋基础结构、承重构件、室内墙面、屋顶防水等23小项。各类别、项目的影响因子可结合企业存量房产具体情况具体分析设置。在设计房屋体检表时，一方面在内容上应具备全面性，包括房屋类型、房屋结构、房屋用途、购建时间、最近一次维修时间、如有破损暂不维修的预计后果（破损扩大后的程度）等；另一方面也应考虑房屋网格管理员使用时的便捷性、与房屋维修计划表对接的便利性、数据统计分析时的数据一致性等因素，从而提升后续工作衔接的效率。

3. 细化预算定额标准

　　梳理房屋维修项目，对具体房屋维修项目需要的材料数量、用工成本分别设置标准成本，对需要的材料成本（单价）引用当地政府定期公布的成本。这三部分组成房屋维修费用预算定额。房屋责任人根据房屋体检表、体检报告，汇总统计下一年度需维修的房屋

（部位）情况，并统筹考虑拟维修房屋部位破损程度、对健康值未来影响等因素，编制房屋三年维护计划；维修预算员根据房屋维修费用预算定额标准，计算各房屋维修项目预算，提报下一年度房屋维修费用预算。

请问：房屋设备维修工程预算应该如何编制？

一、给水排水管道与设备维修工程预算的编制

1. 给水排水管道维修工程量的计算

管道工程量计算公式：

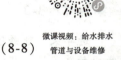

给水管道计算工程量＝按图计算的水平管长度＋立管长度　　（8-8）

微课视频：给水排水管道与设备维修工程预算的编制

其中：

①水平管长度：借用建筑物平面图所注尺寸和设备位置尺寸进行计算。按照不同材质、不同管径均以管道中心线长度计算延米，计算时不扣除阀门、接头零件等所占的长度，但疏水器、减压器、水表的长度应予扣除。

②立管长度：用管道系统图、剖面图的标高进行计算。

注：室内给水铸铁管道的安装，已包括接头零件的安装人工费，但不包括接头零件的价格，接头零件的价格另外单独计算。

2. 给水排水管道管件及器具工程量的计算

（1）管件工程量的计算。

1）法兰安装均以"副"为单位计算工程量。

2）弯头、三通安装均以"个"计算工程量。

（2）卫生器具工程量的计算。

1）卫生器具的安装均以"套"计算工程量。

2）地漏、排水栓以"个"计算工程量。

3）法兰水表、疏水器、减压器、消火栓安装均以"组"为单位计算工程量。

3. 管道附件工程量的计算

各种阀类的安装按其不同型号、规格分别以"个"为单位计算工程量，但浮球阀安装以"套"为单位计算工程量。

4. 管道支架等工程量的计算

（1）设备支架及托、吊卡的制作安装，以"kg"为单位计算工程量。

（2）镀锌铁皮套管以"m²"为单位计算工程量，钢管套管以"m"为单位计算工程量。

5. 给水排水管道工程其他项目工程量的计算

（1）室内给水排水管道设计规定的需防露部分按其不同管道周长，以"m²"为单位计算工程量。

（2）管道维修工程发生的零星挖填土按实际体积，以"m³"为单位计算工程量；地面、墙面剔凿沟槽时按"延米"计算工程量；墙面、地面剔凿孔洞时按"个"计算工程量；沟道清扫按"延米"计算工程量。

（3）给水排水维修工程发生的原有管道、管件及器具的拆除，分别按上述相应的规定"长度、个、套、组"计算工程量。

6. 措施项目费中管道脚手架、超高费的计算

给水排水管道维修工程的脚手架费用、超高费用等按表 8-10 的规定计算。

表 8-10　管道脚手架等费用计算

序号	费用项目		计费基数	计费系数（%）
1	中小型机械使用费		人工费	17.10
2	高层建筑增加费	檐高 45m 以下	人工费	4.50
3		檐高 45m 以上	人工费	7.70
4	脚手架搭拆费		人工费	2.50

7. 给水排水管道维修定额的使用

（1）管道的分界点。给水管道的室内与室外部分以建筑物墙外皮 1.5m 为分界线，入口处设阀门的以入口阀门为分界线；站类管道以墙内皮为界。

（2）管道安装环境的划分规定。

1）一般明装是指操作地点至管道中心线高 3.6m 以下的露明管道。

2）高空管道是指安装高度超过 3.6m 的管道，在设备层、管廊内的管道安装可套用高空管道定额。

3）暗装管道是指半通行地沟、通行地沟、地板下、管井及顶棚内的管道。

4）从干管引出的垂直管及直接与器具连接的管道均为立支管。

（3）定额的套用。

1）小便器冲洗管制作安装定额中不包括阀门的安装，阀门安装执行阀门安装定额。

2）单独大便器安装按定额用工的 40% 计算，单独安装大便器水箱（包括铜活）按定额用工的 60% 计算。

3）疏水器、减压器安装的阀门数量与定额数量不同时，可进行换算。

4）法兰阀门安装不包括法兰，法兰安装执行相应的定额子目。

5）当本地区现行的修缮工程预算定额的项目不能满足生产实际的需要。

（4）给水排水管道与设备维修工程预算编制步骤。

1）计算给水排水管道维修工程量。

2）计算给水排水管道管件及器具工程量。

3）计算给水排水管道工程其他项目工程量。

4）计算管道脚手架、超高费。

5）套用给水排水维修工程预算定额。

6）进行单位工程取费。

二、采暖管道与设备维修工程预算的编制

1. 采暖管道维修工程量的计算

管道工程量计算公式：

$$采暖管道计算工程量 = 按图计算的水平管长度 + 立管长度 \tag{8-9}$$

其中：

①水平管长度：各种管道长度区分不同材质、不同管径均以管道中心线长度计算延米，计算时不扣除阀门、接头零件等所占的长度，但暖气片的长度应扣除。

②立管长度：用管道系统图、剖面图的标高进行计算。

根据材料消耗与工程实体的关系划分实体材料和非实体材料。实体材料中，直接性材料有钢筋、水泥、砂，辅助材料有炸药、引信、雷管；非实体材料指周转性材料。

2. 采暖管道管件及器具工程量的计算

（1）管件的计算方法。

1）法兰安装均以"副"为单位计算工程量。

2）弯头、三通安装均以"个"为单位计算工程量。

（2）器具的计算方法。

1）散热器的安装配对成组，按不同规格、型号以"片"或"根"计算工程量。

2）散热器挂钩卡安装按"个"计算工程量。

3）方形、半圆形补偿器制作、安装按"个"计算工程量。

3. 管道附件工程量的计算

各种阀类的安装按其不同型号、规格分别以"个"为单位计算工程量，但浮球阀安装以"套"为单位计算工程量。

4. 管道支架等工程量的计算

（1）设备支架及托、吊卡的制作安装，以"100kg"为单位计算工程量。

（2）镀锌铁皮套管以"m^2"为单位计算工程量，钢管套管以"m"为单位计算工程量。

（3）箱类制作按箱体质量以"100kg"为单位计算工程量。

5. 采暖管道保温及辅助工程工程量的计算

（1）采暖管道设计规定的需保温部分按其各自不同管道的平均厚度，以"m^3"为单位计算工程量。

（2）管道维修工程发生的零星挖填土项目，按实际挖填土体积以"m^3"为单位计算工程量；地面、墙面剔凿沟槽时按"延米"计算工程量，墙面、地面剔凿孔洞时按"个"计算工程量；沟道清扫按"延米"计算工程量；堵眼、堵槽及零星抹灰工程，发生时按土建专业或装饰专业的相应预算定额子目执行。

（3）采暖维修工程发生的原有管道拆除按"延米"计算工程量；管件及器具的拆除分别按"个、套、组"计算工程量。

6. 措施项目费中采暖管道脚手架、超高费的计算

采暖管道维修工程的脚手架费用、采暖系统调整费等按表8-11的规定计算。

表8-11 采暖管道脚手架等费用计算

序号	费用项目		计费基数	计费系数（%）
1	中小型机械使用费		人工费	17.10
2	高层建筑增加费	檐高45m以下	人工费	4.50
3		檐高45m以上	人工费	7.70
4	脚手架搭拆费		人工费	2.50
5	采暖系统调整费		人工费	16.00

7. 采暖维修工程定额的使用

（1）管道的分界点。采暖管道的室内与室外部分以建筑物墙外皮1.5m为分界线，入口处设阀门的以入口阀门为分界线；站类（锅炉房、泵房）管道以墙内皮为分界线。

（2）管道安装环境的划分规定。

1）一般明装是指操作地点至管道中心线高3.6m以下的露明管道。

2）高空管道是指安装高度超过3.6m的管道，在设备层、管廊内的管道安装可套用高空管道定额。

3）暗装管道是指半通行地沟、通行地沟、地板下、管井及顶棚内的管道。

4）从干管引出的垂直管及直接与器具连接的管道均为立支管。

8. 定额的套用

（1）除污器的型号按除污器本体上进水、出水管道口径（公称直径）确定。

（2）法兰阀门安装不包括法兰，法兰安装执行相应的定额子目。

（3）当本地区现行的修缮工程预算定额的项目不能满足生产实际的需要。

9. 采暖管道与设备维修工程预算的编制步骤

（1）计算采暖管道工程量。

（2）计算采暖管道管件及器具工程量。

（3）计算采暖管道保温及辅助工程工程量。

（4）计算采暖管道脚手架、系统调整费。

（5）套用采暖维修工程预算定额。

（6）进行单位工程取费。

三、电气设备维修工程预算的编制

微课视频：电气设备维修工程预算的编制

1. 电气线路工程量的计算

（1）线路计算方法：

$$线路工程量 = 按图计算的水平长度 + 竖直长度$$

其中：

①水平长度：各种线路配管道长度按照不同材质计算延米，计算时不扣除接线箱、接线盒、灯头盒、开关盒、插座盒及分线盒等所占的长度，遇管路变径及分支路时，按盒中心点计算。

②竖直长度：用管道系统图、剖面图的标高进行计算。

（2）金属软管敷设按"根"计算。

（3）配线工程中，护套线不分芯数，按实际长度计算延米；夹板配线分别按二、三线的实际长度计算延米。

2. 电气器件及器具工程量的计算

（1）接线箱、接线盒、灯头盒等按"个"计算工程量。

（2）各种灯具、开关、插座分规格以"套"为单位计算工程量。

（3）配电箱以"台"为单位计算工程量；配电盘以"块"为单位计算工程量；闸具以"个"为单位计算工程量；熔断器以"组"为单位计算工程量。

3. 管道支架等工程量的计算

支架及制作安装以"个"为单位计算工程量，螺栓、抱箍制作安装以"根"为单位计算工程量，穿墙套管制作安装以"套"为单位计算工程量。

4. 电气工程其他项目工程量的计算

（1）电气线路、送配电设备及装置的调试以"系统"为单位计算工程量。

（2）避雷针制作安装以"根"为单位计算工程量；接地极制作安装以"根"为单位计算工程量；接地电阻测试以"组"为单位计算工程量。

（3）电气维修工程发生的原有电线管拆除按不同材质以"延米"计算工程量；金属软管拆除以"根"计算工程量；管内各种配线的拆除、电气器件及器具的拆除，分别按上述相应的规定以"长度、个、套、组"计算工程量。电气工程拆除系数见表8-12。

表8-12 电气工程拆除系数

序号	名称	拆除系数
1	防雷接地装置	0.70
2	10kV下变压器及配电装置	0.55
3	10kV下电力电缆	0.55
4	母线及绝缘子	0.55
5	控制平台、操作台	0.55
6	控制电缆	0.50
7	整流器	0.45
8	蓄电池	0.45
9	弱电工程	0.40
10	美术吊灯、壁灯、庭院灯	0.40
11	各种开关插座基控制装置	0.35

5. 电气维修工程定额的使用

（1）定额的作业高度，除另有注明者外，均以4m以内为准。作业高度超出4m时人工费按表8-13的规定乘以计算系数。

表8-13 定额高度人工费计算系数

高度	10m以内	10m以上	20m以内
计算系数	1.25	1.40	1.60

（2）定额配线整修内容为原有配线方式不变，只包括20%以内的少量线路变更，超出20%线路变更的执行相应的电气专业预算定额。

（3）各种配管定额中，均不包括金属支架制作安装和灯头、开关、插座、分线盒、接线盒的安装。

（4）管路需要抹水泥砂浆保护层时，每百米增加2个工日；需要密封处理时，每百米增加3个工日。

（5）灯具安装定额是按明线、暗线综合考虑的。

（6）配电箱、配电盘均不包括刷油及包铁皮工作，实际发生时执行相应专业的定额。

(7) 木制配电箱（板）定额用木材是综合考虑的，如与实际不同时可按实际调整。

(8) 当本地区现行的修缮工程预算定额的项目不能满足生产实际的需要。

6. 电气设备维修工程预算的编制步骤

(1) 计算电气线路及穿管的工程量。

(2) 计算电气器件及器具工程量。

(3) 计算电气工程其他项目工程量。

(4) 计算电气维修工程脚手架、超高费。

(5) 套用电气维修工程预算定额。

(6) 进行单位工程取费。

实训任务　房屋维修工程造价的计算

一、实训目的

掌握建筑维修工程的预算总价及某办公楼的采暖、电气维修工程的预算造价，工程的分项费用构成，进行房屋直接工程费取费及维修工程人工费取费的计算。

二、实训要求

(1) 熟悉工程的预算总价及工程的分项费用构成及计算方法。

(2) 熟悉某办公楼的采暖、电气维修工程的预算造价及工程的分项费用构成及计算方法。

(3) 根据相关的费用数据计算对应的直接工程费取费及维修工程人工费取费。

三、实训步骤

(1) 根据具体的工程进行预算总价及工程的分项费用构成及计算。

(2) 根据具体的办公楼采暖、电气维修工程进行预算总价及工程的分项费用构成及计算。

(3) 根据相关的费用数据计算对应的直接工程费取费及维修工程人工费取费。

(4) 分组提交实训报告。

四、实训时间

4 学时。

五、实训考核

(1) 考核组织。将学生分组，由指导教师进行考核。

(2) 考核内容与方式。教师根据计算情况，对学生分析结果进行评分；小组对房屋建筑修缮的具体费用进行计算并提出相应的实训报告，由指导教师进行评分。

项目小结

(1) 房屋维修工程费用主要包括建筑安装工程费、规费、税费。其中建筑安装工程费按费用构成要素划分为人工费、材料费、施工机具使用费、企业管理费、利润；按造价形式划分为分部分项工程费、措施项目费、其他项目费等。

(2) 建筑安装工程费用按造价形式划分为分部分项工程费、措施项目费、其他项目费等。

(3) 工程量清单是建设工程的分部分项工程项目、措施项目、其他项目、规费项目和税费项目的名称和相应数量等的明细清单。由分部分项工程量清单、措施项目清单、其他项目清单、规费清单及税费清单组成。

(4) 工程量清单的编制主要根据工程量清单计价和计量规范、施工组织设计、施工规范、验收规范进行。主要步骤是收集准备编制资料，熟悉图样和招标书内容（确定项目名称、编码、特征、计量单位等），核算工程量清单中工程量，计算分部分项工程量清单综合单价分析表，填写分部分项工程量清单计价表，计算措施项目费分析表，填写措施项目清单计价表，填写主要材料价格，填写单位工程费汇总表，填写单项工程费汇总表，以及填写工程项目总价表和工量清单报价表封面。

房屋维修工程分项工程量计算方法和使用；给水排水管道维修工程量的计算规则；采暖管道与设备维修工程量的计算规则；电气设备维修工程量的计算规则。

(5) 单位工程工程量计算顺序是按图样编号顺序、清单规范的分部分项顺序、施工顺序。

(6) 给水排水管道与设备维修工程预算编制步骤：计算给水排水管道维修工程量，给水排水管道管件及器具工程量，给水排水管道工程其他项目工程量，计算管道脚手架、超高费，套用给水排水维修工程预算定额，以及进行单位工程取费。

(7) 采暖管道与设备维修工程预算的编制步骤：计算采暖管道工程量，采暖管道管件及器具工程量，计算采暖管道保温及辅助工程工程量，计算采暖管道脚手架、系统调整费，套用采暖维修工程预算定额，以及进行单位工程取费。

(8) 电气设备维修工程预算的编制步骤：计算电气线路及穿管的工程量，计算电气器件及器具工程量，计算电气工程其他项目工程量，计算电气维修工程脚手架、超高费，套用电气维修工程预算定额，以及进行单位工程取费。

综合训练题

一、单项选择题（25×2=50分）

1. 根据现行建筑安装工程费用项目组成规定，下列费用项目属于造价形成划分的是（ ）。

    A. 人工费   B. 企业管理费   C. 利润   D. 税费

2. 根据现行建筑安装工程费用项目组成的规定，下列费用项目中属于施工机具使用费的是（ ）。

    A. 仪器仪表使用费   B. 施工机械财产保险费
    C. 大型机械进出场费   D. 大型机械安拆费

3. 根据现行建筑安装工程费用项目组成规定，下列关于施工企业管理费中工具用具使用费的说法正确的是（ ）。

A. 指企业管理使用，而非施工生产使用的工具用具费用

B. 指企业施工生产使用，而非企业管理使用的工具用具费用

C. 采用一般计税方法时，工具用具使用费中增值税进项税额可以抵扣

D. 包括各类资产标准的工具用具的购置、维修和摊销费用

4. 根据现行重庆市 2018 费用定额，住宅工程的安全文明施工费计费基础是（   ）。
   A. 定额人工费
   B. 定额人工费 + 定额材料费
   C. 定额人工费 + 定额施工机具使用费
   D. 工程造价

5. 根据现行重庆市 2018 费用定额，其他项目费不包括（   ）。
   A. 暂估价　　　　B. 计日工　　　　C. 管理费　　　　D. 总承包服务费

6. 依法必须采用工程量清单招标的建设项目，投标人需要采用而招标人不需采用的计价依据是（   ）。
   A. 国家、地区或行业定额资料　　　　B. 工程造价信息、资料和指数
   C. 计价活动相关规章规程　　　　　　D. 企业定额

7. 关于工程量清单计价适应范围，下列说法正确的是（   ）。
   A. 达到或超过规定建设规模的工程，必须采用工程量清单计价
   B. 达到或超过规定投资数额的工程，必须采用工程量清单计价
   C. 国有资金占投资总额不足 50% 的建设工程发承包，不必采用工程量清单计价
   D. 不采用工程量清单计价的建设工程，应执行计价规范中除工程量清单等专门性规定以外的规定

8. 工程量清单由（   ）编制。
   A. 投标人　　　B. 招标人　　　C. 招标代理机构　　　D. 第三方

9. 招标工程量清单的项目特征中通常不需描述的内容是（   ）。
   A. 材料材质　　　B. 结构部位　　　C. 工程内容　　　D. 规格尺寸

10. 在工程量清单中，最能体现分部分项工程项目自身价值本质特征的是（   ）。
    A. 项目特征　　　B. 项目编码　　　C. 项目名称　　　D. 项目计量单位

11. 土石方工程量清单项目中挖基础土方的计算是（   ）。
    A. 按基础垫层底面积加工作面乘以挖土深度以体积计算
    B. 按设计图示尺寸以体积计算
    C. 按基础垫层底面积乘以挖土深度以体积计算
    D. 按设计图示尺寸以面积计算

12. 工程量清单计价采用（   ）。
    A. 基本单价法　　　B. 完全单价法　　　C. 工料单价法　　　D. 综合单价法

13. 现浇钢筋混凝土雨篷工程量计算按（   ）。
    A. 墙外部分体积计算　　　　　　B. 墙外部分水平投影面积计算
    C. 墙外挑出部分长度计算　　　　D. 墙外挑出部分面积的~半计算

14. 顶棚吊顶清单工程量按设计图示尺寸以水平投影面积计算（   ）。
    A. 要扣除间壁墙所占面积　　　　B. 不扣除间壁墙所占面积

C. 要扣除检查口所占面积 D. 要扣除管道所占面积

15. 综合单价不包括（　　）。
    A. 人工费　　B. 材料费　　C. 规费　　D. 管理费
16. 依据《建筑给水排水及采暖工程施工质量验收规范》（GB 50242—2002）的规定，金属管道的立管管卡设置，在（　　）时每层必须安装1个。
    A. 采用无保温管　　　　　　　　B. 楼层高度大于5m
    C. 楼层高度小于或等于5m　　　　D. 采用保温管
17. 管道的（　　）是确定管道工程施工工艺的主要因素。
    A. 连接方式　　B. 强度　　C. 硬度　　D. 化学成分
18. 施工图规格中的De通常用于以下（　　）管道的标注。
    A. 金属管　　B. 塑料管　　C. 复合管　　D. 混凝土管
19. 三相四线是指（　　）。
    A. 两根火线，两根零线　　　　　　B. 两根火线，一根零线，一根接地线
    C. 三根火线，一根零线　　　　　　D. 三根火线，一根接地线
20. 关于电气器件及器具工程量的计算，以下说法正确的是（　　）。
    A. 接线箱、接线盒、灯头盒等按"个"计算
    B. 配电盘以"台"为单位计算
    C. 各种灯具、开关、插座分规格以"个"为单位计算
    D. 熔断器以"块"为单位计算
21. 电气维修工程定额中的作业高度，除另有注明者外，均以（　　）以内为准。
    A. 3m　　B. 4m　　C. 5m　　D. 6m
22. 关于工程量清单编制中的项目特征描述，下列说法中正确的是（　　）。
    A. 措施项目无须描述项目特征
    B. 应按计算规范附录中规定的项目特征，结合技术规范、标准图集加以描述
    C. 对完成清单项目可能发生的具体工作和操作程序仍需加以描述
    D. 图样中已有的工程规格、型号、材质等可不描述
23. 以下说法正确的是（　　）。
    A. 法兰安装均以"个"为单位计算
    B. 散热器挂钩卡安装按"台"计算
    C. 设备支架及托、吊卡制作安装以"t"为单位
    D. 弯头、三通安装均以"个"计算
24. 采暖管道的室内与室外部分以建筑物墙外皮（　　）为分界线。
    A. 2m　　B. 2.5m　　C. 1.5m　　D. 3m
25. 住宅采暖系统采用热水作为热媒，水温应（　　）。
    A. 不低于95℃　　B. 不高于95℃　　C. 不低于100℃　　D. 不高于100℃

二、多选题（10×2=20分）
1. 按照费用构成要素划分的建筑安装工程费用项目组成规定，下列费用项目应列入材料费的有（　　）。
    A. 周转材料的摊销、租赁费用

B. 材料运输损耗费用

C. 施工企业对材料进行一般鉴定，检查发生的费用

D. 材料采购及保管费用

2. 下列费用项目中，构成施工仪器仪表台班单价的有（　　）。

  A. 折旧费　　　　B. 检修费　　　　C. 维护费　　　　D. 校验费

3. 根据现行重庆市 2018 费用定额，税费包括（　　）。

  A. 增值税　　　　　　　　　　　B. 城市维护建设税

  C. 教育费附加　　　　　　　　　D. 地方教育费附加

4. 根据现行重庆市 2018 费用定额，规费包括有（　　）。

  A. 社会保障费　　B. 社会保险费　　C. 住房公积金　　D. 工伤保险费

5. 根据现行重庆市 2018 费用定额，安全文明施工费包括（　　）。

  A. 安全施工费　　B. 文明施工费　　C. 环境保护费　　D. 临时设施

6. 根据《建设工程工程量清单计价规范》（GB 50500—2013），关于工程量清单计价的有关要求，下列说法中正确的有（　　）。

  A. 事业单位自有资金投资的建设工程发承包，可以不采用工程量清单计价

  B. 使用国有资金投资的建设工程发承包，必须采用工程量清单计价

  C. 招标工程量清单应以单位工程为单位编制

  D. 工程量清单计价方式下，必须采用单价合同

7. 工程量清单的编制依据有（　　）。

  A. 清单计价规范　　　　　　　　B. 图样

  C. 行业定额　　　　　　　　　　D. 施工规范

8. 编制工程量清单时，可以依据施工组织设计、施工规范、验收规范确定的要素有（　　）。

  A. 项目名称　　B. 项目编码　　C. 项目特征　　D. 工程量

9. 关于工程量清单计价的基本程序和方法，下列说法正确的有（　　）。

  A. 单位工程造价通过直接费、间接费、利润汇总

  B. 计价过程包括工程量清单的编制和应用两个阶段

  C. 项目特征和计量单位的确定与施工组织设计无关

  D. 招标文件中划分的由投标人承担的风险费用应隐含在综合单价中

10. 关于电气线路工程量计算说法正确的是（　　）。

  A. 水平管线长度计算按照不同材质计算延米

  B. 水平管线长度计算时应扣除接线箱、接线盒等所占的长度

  C. 水平管线长度计算时应不扣除开关盒、插座盒及分线盒等所占的长度

  D. 竖直管线长度应用管道系统图、剖面图的标高进行计算

三、简答题（5×4=20 分）

1. 房屋维修工程费用主要包括哪些费用？如何分类？

2. 企业管理费主要包括哪些费用？

3. 社会保险费主要包括哪些费用？

4. 工程量清单的作用是什么？

5. 给水排水管道的长度应该如何计算？

四、案例分析题（1×10＝10分）

国内大多数高校已有五六十年的历史。目前房屋设施设备陈旧、老化严重，房屋修缮在高校后勤服务中显得越来越重要。高校维修项目长期依赖国家财政专项资金支持，修缮工程造价控制不足，造成学校部分维修资金的流失和学校资产的浪费。因此，找出高校修缮工程造价控制上存在的问题，有针对地提出解决方案是极具实践性和现实意义的。

高校修缮工程造价控制存在的问题主要有项目前期缺乏规划，"三边"工程严重，规避招标，招标不规范，施工监管力度低，现场管理漏洞大，工程内审力量不足，施工单位高估预算，以及修缮工程档案缺失等。

高校修缮工程造价控制的建议主要是：高校应从修缮工程立项、设计、招标、施工，至竣工结算的全过程实施造价控制，以减少资金浪费、提高维修资金使用效率。此外，要提升工程审计人员素质，加强修缮工程档案管理。

请问：1. 单位工程计价程序表的主要内容有什么？（5分）

2. 修缮工程造价控制有什么作用？（5分）

项目九　房屋维修工程施工及相关工作

学习目标

（1）了解房屋维修工程施工定额的作用，施工定额手册的内容，房屋修缮工程施工预算，工程预算审查的作用和依据，房屋修缮工程竣工结算。

（2）掌握施工定额的含义和组成，房屋维修工程施工定额的编制，材料消耗定额的含义和编制方法，修缮工程施工预算的编制依据和主要编制步骤，房屋修缮工程预算的审查的内容、形式、方法及步骤，房屋修缮工程竣工结算内容与工程价款方式，竣工财务决算报表及建设工程竣工图。

（3）熟悉劳动定额实例，机械台班定额在生产实际中的应用，房屋修缮工程竣工结算及竣工决算的编制。

能力目标

（1）能运用屋维修工程施工定额的相关知识，进行房屋维修工程施工定额的编制。
（2）能运用工程竣工结算的相关知识，进行工程竣工结算的编制。
（3）能运用工程竣工决算的相关知识，进行工程竣工决算的编制。
（4）通过完成实训任务，培养合作意识和创新性思维能力。

素质目标

（1）在学习过程中培养学生的职业理想，具有勇往直前、乐观向上的态度。
（2）培养学生的法律意识，具有分析施工预算编制状况的能力。
（3）在调查及分析房屋维修工程的施工预算编制状况的实训环节中，培养学生的职业道德与爱岗敬业精神，以及团队协助、团队互助等意识。
（4）通过实训小组营造团队协作的气氛，培养学生的语言表达能力。

学习任务一　房屋维修工程施工定额与施工预算

案例导入 9-1

在房地产新开工面积日趋萎缩的情况下，以既有建筑为主要对象的建筑修缮业将成为

"朝阳产业"，它所占的市场份额正不断扩大，成为传统产业中带动经济发展的一个新的经济增长点。目前，国内建筑修缮市场急需能够参照执行的相关标准、规范和规程，而此前行业标准《民用房屋修缮工程施工规程》还是1993年的版本，远远落后于时代。《民用建筑修缮工程施工标准》（JGJ/T 112—2019，以下简称《标准》）自2020年3月1日起实施。这为建筑修缮业的发展破除了标准藩篱，将有助于产业的快速健康发展。

《标准》涉及民用建筑地基与基础、砌体结构、混凝土结构、钢结构、木结构、防水、装饰装修、门窗、楼面及地面、给水排水、供暖通风与空气调节、电气等方面。与原行业标准《民用房屋修缮工程施工规程》相比，《标准》进一步明确了不同修缮方法的相应施工要求，补充了树根桩、锚杆静压桩加固及房屋纠偏的施工要求，砌体修缮补强和防潮层（带）的修缮方法；增加了置换混凝土施工技术要求，钢结构连接件修缮施工技术要求；新增了涂膜防水的修缮施工方法，外墙保温的修缮施工方法，门窗玻璃的更换施工要求，空调设备及管道的修换施工要求；调整了部分规定及指标。其中防水部分涉及屋面、外墙、卫生间及厨房、地下室等方面。

我国现在既有建筑面积超过600亿m^2，其中城镇既有公共建筑面积100亿m^2，住宅建筑面积230亿m^2。我国从新建建筑为主转向既有建筑维修改造已经成为不可阻挡的趋势。随着现代人对建筑审美的追求及宜居的诉求，对于建筑物形态、功能等方面也会不断产生新的需求，因此城市旧改、建筑结构修复、修缮及调整的手段，成为未来满足人们对当代建筑功能要求实现的必然趋势。同时，国家政策、各地政府的高效推进布局，完善相应的政策、法律及标准规范要求，逐步为百姓享受正规、规范、专业的修缮服务提供法律支撑。

请问：房屋维修工程应该如何进行施工定额和预算呢？

一、房屋维修工程施工定额的编制

1. 施工定额的含义

施工定额是指在正常施工条件下，以房屋维修工程的各个施工过程为对象，规定完成单位合格产品所必须消耗的人工、材料和机械台班的数量标准。房屋维修工程施工定额是房屋维修施工企业直接用于房屋维修工程施工管理的一种定额。

微课视频：房屋维修工程施工定额的编制

2. 施工定额的组成

施工定额由人工消耗定额（劳动定额）、材料消耗定额和机械台班定额组成。

在实际工作中，施工定额都未形成一个综合性整体版本，即使1956年国家颁布的《建筑安装工程统一施工定额》和20世纪70年代各省市颁发的地区统一施工定额，也只包括劳动定额和材料消耗定额两大部分内容。而在以后的若干年里，国家都只颁布了《全国统一劳动定额》的单行本。而对施工材料的消耗则由各地区根据工程具体情况，按定额计算原理的计算公式进行计算。至于机械台班定额，实际上是机械台班使用定额，在施工成本核算、"两算对比"和施工计划等工作中，均不作为主要的考核依据。因为大部分机械多为固定资产，可按固定资产折旧法计算，或者按施工组织计划的时间进行租赁，而对于一些常用的大型机械，也都以"台班产量"定额的复式形式列入1985年《全国建筑安装工程统一劳动定额》第14～18册中，需要时可直接查取运用。1985年《全国建筑安装工程统一劳动定额》是《重庆市房屋修缮工程预算定额》人工消耗量的编制依据。

3. 房屋维修工程施工定额的作用

（1）是编制房屋维修工程专业预算（消耗量）定额的基础文件。

（2）是编制房屋维修工程施工组织设计的基本依据。

（3）是房屋维修施工企业编制房屋维修工程施工预算，加强房屋维修工程成本管理的重要文件。

（4）是实行房屋维修工程承包，安排核实房屋维修工程任务的主要依据。

4. 房屋维修工程施工定额的编制

（1）劳动定额及其表现形式。劳动定额是指在正常的生产技术和生产组织条件下，为完成单位合格产品所规定的劳动消耗标准。劳动定额的表现形式主要是时间定额和产量定额。

1）时间定额：是指在一定的技术状态和生产组织模式下，按照产品工艺工序加工完成一个合格产品所需要的工作时间、准备时间、休息时间与生理时间的总和。

2）产量定额：是指参加房屋维修工程施工的工人在正常生产技术组织条件下，采用科学合理的方法，在单位时间内生产合格产品数量的限额标准。

（2）劳动定额的编制。

1）施工过程分解及工时研究。施工过程主要分为工序、工作过程、综合工作过程。

工序是指组织上不可分割的且在操作上属于同一类的作业环节。其特征是劳动者不变，劳动对象、劳动工具不变，是工艺方面最简单的施工过程，也是施工定额的主要研究对象。如在钢筋制作中，包括平直钢筋、钢筋除锈、切断钢筋、弯曲钢筋等工序；在机械化的施工工序中，还可包括由工人自己完成的操作和机器完成的工作等。

工作过程是指同一工人或同一小组所完成的在技术操作上相互有机联系的工序的总和。其特征是劳动者和劳动对象不变，劳动工具可以变换。如砌墙和勾缝、抹灰和粉刷等。

综合工作过程是指同时进行的，在组织上有直接联系的，为完成一个最终产品结合起来的施工过程的总和。其特征是不同的空间同时进行，在组织上有直接联系，并最终形成共同的产品。如砌砖墙的调制砂浆、运砂浆、运砖、砌墙等工作过程。

2）施工过程分类。施工过程的分类标准主要是组织上的复杂程度，如按照工序是否重复循环，按施工过程的完成方法和手段，以及按劳动者、劳动工具、劳动对象等进行分类。

按组织上的复杂程度，施工过程分为工序、工作过程、综合工作过程。

按照工序是否重复循环，施工过程分为循环施工过程和非循环施工过程。

按完成方法和手段，施工过程分为手工操作、机械化过程、机手并动。

按劳动者、劳动工具、劳动对象，施工过程分为工艺过程、搬运过程、检验过程。

3）施工过程的影响因素。施工过程的影响因素主要有技术因素（材、机）、组织因素（劳动者）、自然因素等。

技术因素（材、机）主要包含产品的种类和质量要求，所用材料、半成品、构配件的类别、规格和性能，所用工具和机械设备的类别、型号、性能及完好情况等。

组织因素（劳动者）主要包括施工组织与施工方法、劳动组织、工人技术水平、操作方法和劳动态度、工资分配方式、劳动竞赛（人、方法、组织）。

自然因素主要包括酷暑、大风、雨、雪、冰冻等。

4）工作时间分类。工作时间分类的目的是确定时间定额和产量定额（互为倒数）。工作时间主要指工作班的延续时间，一般是8h，分为人工工作时间消耗和机器工作时间消耗。

人工工作时间消耗分为必须消耗时间（定额时间）和损失时间（非定额时间）。必须消耗时间主要由有效工作时间、休息时间、不可避免中断时间组成。其中有效工作时间包含准备与结束工作时间、基本工作时间、辅助工作时间。损失时间主要有多余和偶然时间、停工时间和违背劳动纪律损失时间。其中停工时间主要有施工本身造成的停工时间和非施工本身造成的停工时间。

机器工作时间消耗分为必须消耗时间和损失时间。其中必须消耗时间由有效工作时间、不可避免的无负荷工作时间及不可避免的中断时间组成。损失时间主要有多余工作时间、停工时间、违背劳动纪律时间、低负荷工作时间。停工时间主要是由于施工本身和非施工本身所造成。

5）计时观察法。计时观察法也称为现场观察法，是研究工作时间消耗的一种技术测定方法，它以研究工时消耗为对象，以观察测时为手段，通过密集抽样和粗放抽样等技术进行直接的时间研究。

计时观察法能够把现场工时消耗情况和施工组织技术条件联系起来加以考察，不仅能为制定定额提供基础数据，也能为改善施工组织管理、改善工艺过程和操作方法、消除不合理的工时损失和进一步挖掘生产潜力提供技术根据。

6）确定人工定额消耗量的基本方法。主要有确定工序作业时间，规范时间，不可避免的中断时间，拟定休息时间、拟定定额时间等。

确定工序作业时间要确定拟定基本工作时间和辅助工作时间。确定规范时间主要是确定准备与结束时间。

拟定定额时间主要是拟定人工定额、时间定额、定额时间、工序作业时间、规范时间等。相关的公式如下：

$$\text{人工定额主要是确定时间定额或产量定额：时间定额} = 1/\text{产量定额} \tag{9-1}$$

$$\text{定额时间} = \text{工序作业时间} + \text{规范作业时间} \tag{9-2}$$

$$\text{工序作业时间} = \text{基本工作时间} + \text{辅助工作时间} \tag{9-3}$$

$$\text{工序作业时间} = \text{基本工作时间} + \text{工序作业时间} \times \text{辅助时间\%} \tag{9-4}$$

$$\text{规范时间} = \text{准备与结束工作时间} + \text{不可避免的中断时间} + \text{休息时间} \tag{9-5}$$

7）机具台班定额消耗量的确定：主要是确定机械1h纯工作的正常生产率、施工机械的时间利用系数、施工机械台班定额等。相关公式如下：

$$\text{施工机械台班产量定额} = \text{机械1h纯工作的正产生产率} \times \text{工作班纯工作时间} \tag{9-6}$$

$$\text{施工机械台班产量定额} = \text{机械1h纯工作正产生产率} \times \text{工作班延续时间} \times$$
$$\text{机械时间利用系数} \tag{9-7}$$

5. 材料消耗定额

（1）材料消耗定额概念及表现形式。材料消耗定额是指在节约和合理使用材料的条件下，生产单位合格产品所需消耗一定品种规格的材料、半成品、配件和水、电、燃料等的数量标准，包括材料的使用量和必要的工艺性损耗及废料数量。

根据材料消耗的性质，可将材料分为必需材料消耗和损失材料。根据材料消耗与工程实体的关系，可将材料分为实体材料和非实体材料（如周转性材料）。其中，实体材料主要有直接性材料（如钢筋、水泥、砂等）和辅助性材料（如炸药、引信、雷管等）。

材料消耗定额的表现形式主要有材料产品定额、材料周转定额。

（2）材料消耗定额的编制方法。主要有观场技术测定法、现场统计法、实验室实验法、理论计算法。

1）观场技术测定法是在施工现场对材料的实际消耗进行观测并计算材料消耗量的方法。该法适用于确定材料损耗量，还可以区别能够避免的损耗与难以避免的损耗。

2）现场统计法是通过对单项工程、单位工程、分部工程所实际领用的材料量和剩余材料量进行统计，经过统计分析后确定材料定额消耗量的方法。该法只能确定材料总消耗量，不能确定净用量和损耗量，也只能作为辅助性方法使用。

3）实验室试验法是通过实验室各种仪器的检测试验得到材料实际定额消耗量的方法。该法主要用于编制材料净用量定额。其缺点在于无法估计施工现场某些因素对材料消耗量的影响。

4）理论计算法是根据已有的各种理论计算公式计算材料消耗量的方法。该法较适合于不易产生损耗且容易确定废料的材料消耗量的计算。

相关公式有：

$$\text{总消耗量} = \text{净用量} + \text{损耗量} = \text{净用量} \times (1 + \text{损耗率}) \quad (9\text{-}8)$$

二、施工定额手册的内容和应用

1. 施工定额手册的内容

施工定额手册主要由总说明和分册章节说明、施工定额项目表、定额附录及增加工日用量表、定额项目表等组成。

微课视频：施工定额手册的内容和应用

（1）总说明和分册章节说明。总说明主要是说明定额的编制依据、适用范围、工程质量要求、各项定额的有关规定和说明，以及编制施工预算的相关说明；分册章节说明主要是说明本册章节定额的工作内容、施工方法、有关规定和工程量计算规则等内容。

（2）施工定额项目表。主要由定额子目的工作内容、定额表、附注等组成。其中，工作内容除说明规定的工作内容外，还要说明完成定额子目另外规定的工作内容，通常列在定额表左上端。定额表由定额编号、定额项目名称、计量单位及人工、材料消耗量组成。

（3）定额附录及增加工日用量表。定额附录一般在定额分册说明之后，主要包括名词解释、相关图示及有关参考资料。如砂浆、混凝土配合比表、材料损耗率计算表等。

（4）定额项目表。主要由完成本定额子目的工作内容、定额表、附注等组成。

2. 劳动定额实例计算

（1）利用劳动定额的时间定额可以计算出完成一定数量的某房屋维修工程实物量所需要的总时间（总工日数）。

【例1】某建筑物外墙维修时挂贴大理石板 246m^2，时间定额为 0.345 工日$/\text{m}^2$，由9人班组施工，试计算挂贴大理石板的施工天数。

解：定额施工工日数 $= 246 \times 0.345 = 84.87$ 工日。

（2）利用劳动定额的产量定额可以计算出一定数量的劳动力资源能完成某房屋维修工程的实物总量。

【例2】 某房屋维修工程的顶棚吊顶安装龙骨的产量定额为 $8.33 \text{m}^2/\text{工日}$，试计算 5 人 4 天可完成的顶棚吊安龙骨总量。

解：每天完成的产量 $= 8.33 \times 5 = 41.65 \text{m}^2$。

【例3】 某工程有 210m^3 一砖半厚混水内墙（机械吊装）每天有 18 名专业工人进行砌筑，试利用《全国统一劳动定额手册》计算完成该工程的定额施工天数，定额数据见表 9-1。

表 9-1 砌标准砖混水砖墙劳动定额表

序号	项目		混水内墙			
			0.5 砖	0.75 砖	1 砖	1.5 砖及以外
1	综合	塔吊	1.38	1.34	1.02	0.994
2		机械吊装	1.59	1.55	1.24	1.21
3	砌砖		0.865	0.815	0.482	0.448
4	运输	塔吊	0.434	0.437	0.44	0.44
5		机械吊装	0.642	0.645	0.654	0.654
6	调制砂浆		0.085	0.089	0.101	0.106
	定额编号		12	13	14	15

解：查"砌标准砖混水砖墙劳动定额表"的 15 项定额（机械吊装），时间定额为 1.21 工日$/\text{m}^3$，砌筑需要的总工日数 $= 210 \times 1.21 = 254.10$ 工日。

3. 机械台班定额在生产实际中的应用

（1）机械台班定额的复式或分式（二数据）形式表达式为分式，分子为配合机械工作的人工时间定额，分母为机械工作的台班产量定额。

例如，安装钢筋混凝土梁（每根）的机械台班的定额为 0.655/29，则定额含义是：人工时间定额 0.655 工日/根，台班产量定额 29 根/台班。

（2）机械台班定额的综合形式（三数据）表达式用一根竖线"|"分为左右两部分。

例如，安装钢筋混凝土梁（每根）的机械台班定额为 0.655/29 | 19，则定额含义是：人工时间定额为 0.655 工日/根，台班产量定额为 29 根/台班，台班工日为 19 工日。

（3）机械台班定额的运算关系主要有小组人数（配合总工日）、人工时间定额、人工产量定额、机械时间定额。具体公式如下：

1）小组人数（配合总工日）＝人工时间定额×台班产量。
2）人工时间定额＝小组人数/台班产量。
3）人工产量定额＝1/人工时间定额。
4）机械时间定额＝1/台班产量。

（4）劳动定额手册中机械台班定额在生产实际中的应用。

【例4】 某六层办公楼使用塔式起重机安装预制钢筋混凝土梁，每根钢筋混凝土梁的外形尺寸为：$6.60 \text{m} \times 0.80 \text{m} \times 0.40 \text{m}$。计算塔式起重机吊装钢筋混凝土梁的机械时间定额、人工时间定额和台班产量定额（人机配合），机械台班定额数据见表 9-2。

项目九 房屋维修工程施工及相关工作

表 9-2 机械安装预制钢筋混凝土梁定额

序号	定额项目	施工方法	钢筋混凝土梁重量/t		
			≤2	≤4	≤6
1	安装层数（内）	三	履带式起重机	0.220/59 | 13	0.271/48 | 13	0.317/41 | 13
2		三	轮胎式起重机	0.260/50 | 13	0.317/41 | 13	0.371/35 | 13
3		三	塔式起重机	0.191/68 | 13	0.236/56 | 13	0.277/47 | 13
4		六	塔式起重机	0.210/62 | 13	0.250/52 | 13	0.302/43 | 13
5		七	塔式起重机	0.232/56 | 13	0.283/46 | 13	0.342/38 | 13
定额编号			676	677	678

注：单位为根/台班。

解：每根混凝土梁重量为：$6.60 \times 0.80 \times 0.40 \times 2.5 = 5.28$ t，由表 9-2 查定额 678 项知，定额数据为 0.302/43 | 13，则：机械台班产量定额为 43 根/台班；人工时间定额为 0.302 工日/根；台班工日为 13 工日，机械时间定额为 $1/43 = 0.023$ 台班/根，人工产量定额为 $1/0.302 = 3.31$ 根/工日。

人工工日 $= 0.302$ 工日/t $\times 5.28$ t $= 1.5946$ 工日

需要台班 $= 1/(43$ t/台班$) \times 5.28$ t $= 0.123$ 台班

4. 材料消耗量定额在生产实际中的应用

【例 5】 已知砌筑 1 m³ 砖墙中砖净用量和损耗量分别为 529 块、6 块，百块砖体积按 0.146 m³ 计算，砂浆损耗率为 10%，则砌筑 1 m³ 砖墙的砂浆用量是多少？

解：砂浆净用量 $= 1 - 529 \times 0.146 \div 100 = 0.228$（m³）；

砂浆消耗量 $= 0.228 \times (1 + 10\%) = 0.250$（m³）。

三、房屋修缮工程施工预算

1. 房屋修缮工程施工预算概述

房屋修缮工程的施工预算是房屋维修施工企业在单位修缮工程开工前，根据施工定额、施工图、施工组织设计或施工方案等资料，结合施工现场的实际情况所编制的用于指导修缮工程全过程施工管理的经济文件。

微课视频：房屋修缮工程施工预算

房屋修缮工程施工预算的主要内容包括编制说明和施工预算表格等。

（1）编制说明：包括简明扼要地说明该修缮工程的基本概况，如修缮工程名称、性质、工程地点、建筑面积、结构类型、施工工期、编制依据，以及提出的建议和意见等；预计采取的施工技术措施，如混凝土模板的种类、垂直运输的设备种类、混凝土骨料的种类、采用的新材料和新技术等；主要采取的降低工程成本的技术组织措施，施工中可能发生的问题及处理方法等。

（2）施工预算表格：包括分项修缮工程工程量表、分项修缮工程消耗的人工数量；分项修缮工程消耗的材料品种、规格、数量；分项工程消耗的机械台班种类、规格、数量；单位修缮工程人工、材料、机械用量汇总表。

2. 修缮工程施工预算的编制依据

为了保证修缮工程施工预算符合施工现场的实际要求，作为指导修缮工程施工全过程的控制计划，因此，在编制修缮工程施工预算前，要尽可能地收集详细的工程技术资料，才能满足编制质量的要求。主要内容包括：

（1）房屋维修设计施工图、标准图集（册）、补充设计、设计变更及图会审纪要或依据的房屋维修计划等资料。

（2）施工组织设计或施工方案。

（3）修缮施工企业的施工定额、《全国建筑安装工程统一劳动定额》和地方补充定额等。

（4）有关定额编制和解释说明及材料消耗定额。

（5）施工现场勘察资料。

（6）相应工程的施工图预算（设计预算）。

（7）国家和地方的有关规定，各种建筑材料手册和预算工程手册等。

3. 房屋修缮工程施工预算编制的主要步骤

（1）收集、熟悉和审查房屋维修工程施工预算的编制依据。

（2）划分房屋维修工程项目。

（3）计算分项维修工程量。

（4）选套房屋维修工程施工定额。

（5）进行单位工程人工、材料和机械消耗量的计算与分析。

（6）编制房屋维修工程的人工、材料和机械费用计划表。

（7）进行房屋维修工程施工预算与施工图预算的"两算对比"；确定单位工程的降低工程成本及降低成本渠道，施工过程中应该采取的主要降低成本措施与控制方法。

（8）编写房屋维修施工预算的编制说明、施工负责人审核、内容归类整理、装订成册。

学习任务二　房屋修缮工程预算审查与竣工结算及决算

案例导入 9-2

小规模零星修缮是指在进行工程项目建设过程中，对于一些小型、局部性的工程或者是工程量较少的工程等所开展的一种工作。这项工作的主要对象是那些已经完工但是还没有验收、验收未通过及已交付使用的建筑物，具体包括屋面防水层维修、外墙面砖修补、门窗油漆涂刷、供排水管网修缮等内容。这些工程都具有一定程度的隐蔽性、小规模及施工工艺复杂等特征，因此需要有关部门对其加强重视，进一步完善管理规范，并且做好相应的监督管理工作，落实责任主体，确保能够及时发现问题，可以在第一时间采取有效措施，防止施工错误造成的材料浪费、返工等行为，及时止损。同时也应该注意到，由于这类工程数量比较多，如果不能做到全面监管，就很容易出现各种各样的质量隐患，最终影响整个工程进度和施工质量，以及工程的顺利实施和交付使用。另外，在进行工程项目建设时往往会受到很多因素的制约，如资金、材料、施工现场的人员素质及技术、工艺、施工措施等。所以为了更好地保证工程的整体质量，必须加强各个环节之间的联系与沟通，充分进行施工方案的论证，从而稳步持续推进各项工序，确保施工质量和施工进度。

项目九　房屋维修工程施工及相关工作

请问：如何进行小规模零星修缮工程预算审查和结算呢？

一、房屋修缮工程预算审查

1. 房屋修缮工程预算审查的作用

（1）房屋修缮工程预算是房屋产权人或维修责任人（物业管理公司）和维修施工企业签订工程承包合同的依据。

（2）房屋修缮工程预算是办理工程拨款和工程价款结算的依据。

（3）房屋修缮工程预算是维修施工企业进行工程成本核算的依据。

（4）房屋修缮工程预算是房屋产权人或维修责任人（物业管理公司）合理确定维修工程造价的依据。

2. 房屋修缮工程预算审查的意义

（1）合理确定修缮工程造价，为房屋产权人或维修责任人（物业管理公司）进行投资使用分析、办理工程价款结算和拨付工程款提供可靠的依据；为维修施工企业进行工程成本分析提供依据。

（2）制止采用各种不正当手段套取房屋修缮资金的行为，使房屋修缮资金支出使用合理，维护房屋产权人或维修责任人（物业管理公司）的利益。

（3）在修缮工程施工任务少、维修施工企业之间竞争激烈的情况下，通过审查房屋修缮工程预算，可以制止房屋产权人或维修责任人（物业管理公司）不合理的压价现象，维护维修施工企业的合法经济利益。

（4）促进房屋修缮工程预算编制水平的提高，使维修施工企业端正经营思想，从而达到加强对房屋修缮工程预算管理的目的。

3. 房屋修缮工程预算审查的依据

审查房屋修缮工程预算是一项技术性和政策性都很强的工作，审查中必须遵循国家、省、市或地方政府部门的有关政策、技术规定。房屋修缮工程预算审查的主要依据有以下几方面：

（1）设计图、标准图、施工规范等技术资料。

（2）修缮工程施工承包合同或协议书。

（3）有关的定额。

（4）施工方案或技术措施方案。

（5）有关建筑经济文件的规定。

4. 房屋修缮工程预算审查的内容

房屋修缮工程预算的审查内容是指相应房屋修缮工程预算的组成内容，包括：直接工程费，其中有修缮工程量计算、定额选套、直接工程费汇总；措施项目费、间接费、利润和税费计取等，其中有费用内容、费用标准、计取方法等。

（1）审查修缮工程量：主要是进行建筑面积、拆除工程量、土方工程量、脚手架工程量、砖石工程量、混凝土及钢筋混凝土工程量、木结构工程量、楼地面工程量、屋面工程量、抹灰工程量、油漆工程量、玻璃工程量、技术措施工程量的审核计算和其他措施项目费的审核。

（2）审查套用定额项目和直接费汇总：主要是进行审查选套的定额项目、套用定额的方法、定额换算、补充定额及相关专业预算定额子目的使用情况、直接费汇总等。

（3）审查间接费、利润和税费计算：主要是注意审查计取方式、计算基础、费率等。

5. 房屋修缮工程预算的审查形式和方法

（1）房屋修缮工程预算的审查形式。房屋修缮工程预算的审查形式是根据修缮工程规模、专业复杂程度、结算方式和审查力量等情况确定的，一般有联合会审、单独审查、委托审查三种形式，见表9-3。

表9-3 房屋修缮工程预算的审查形式

审查形式	相关概念	适用范围	特点
联合会审	由若干部门参加共同对房屋修缮工程预算进行审查。参加部门有投资方、维修施工企业、审计事务所、设计部门等	投资规模较大、施工技术复杂、设计变更和现场签证较多，受到专业人员数量不足等因素限制不能单独进行审查的房屋修缮工程	涉及部门多，审查效率高，疑难问题容易解决，质量能够得到保证。但这种审查形式一般要进行预审
单独审查	房屋修缮工程预算编制完成后，分别由维修施工企业自审，房屋产权人或维修责任人（物业服务企业）复核，审计事务所最后审定	房屋产权人或维修责任人（物业管理公司）和审计事务所均具备足够审查力量、工程规模相对不大、采用常规施工技术、设计变更和现场签证清楚且数量又不多的工程	审查比较专一，不易受外界干扰
委托审查	对不具备联合会审条件或房屋产权人或维修责任人（物业服务企业）不能单独对房屋修缮工程预算进行审查时，房屋产权人或维修责任人（物业服务企业）委托具有编审资格的审计事务所进行审查	在不具备联合会审条件或房屋产权人或维修责任人（物业管理公司）不能单独对房屋修缮工程预算进行审查的工程	涉及一定的委托相关费用，委托的审计事务所的资质需要审查，易收外界干扰

（2）房屋修缮工程预算的审查方法。主要有全面审查法、重点抽项审查法、经验审查法、分解对比审查法及统筹审查法，见表9-4。

表9-4 房屋修缮工程预算的审查方法

审查方法	相关概念	适用范围	特点
全面审查法	对送审的房屋修缮工程预算进行逐项审查，审查的步骤与编制房屋修缮工程预算的步骤相同	修缮工程规模较小、结构简单、施工工艺不复杂和采用标准设计较多的工程	全面、细致、质量高，但工作量大，费人力和时间较多
重点抽项审查法	在审查房屋修缮工程预算中，对送审的房屋修缮工程预算中部分费用较高的项目进行审查	房屋修缮工程预算中部分费用较高的项目	速度快，省时省力，但审查质量不如全面审查法的质量高

（续）

审查方法	相关概念	适用范围	特点
经验审查法	根据以往审查类似工程的经验，只审核房屋修缮工程预算中容易出现错误的项目，采用经验指标进行类比	具有类似房屋修缮工程预算审查经验和资料的工程	速度快，但准确程度一般
分解对比审查法	采用标准施工图或复用施工图的单位修缮工程，在一个地区或城市范围内，房屋修缮工程预算造价基本相近，只因某些项目之间的施工条件、材料耗用等不同产生差异，将差异部分的修缮项目费用分解出来进行对比分析，确定房屋修缮工程预算准确率	房屋修缮工程预算造价基本相近，只因某些项目之间的施工条件、材料耗用等不同产生差异	准确率较高，审查速度快
统筹审查法	在长期房屋修缮工程预算审查工作中总结出来的预算编审规律基础上，运用统筹法审查	长期房屋修缮工程，一般将全面审查法与统筹法结合运用	所有房屋修缮工程预算审查

6. 房屋修缮工程预算的审查步骤

房屋修缮工程预算的审查步骤主要有准备工作，审查计算，以及审查单位与房屋修缮工程预算编制单位交换审查意见。

准备工作主要是熟悉送审房屋修缮工程预算和维修工程承包合同；搜集并熟悉有关设计资料，核对与房屋修缮工程预算有关的设计图和标准图；了解房屋维修施工现场情况，熟悉施工方案，掌握与编制房屋修缮工程预算有关的设计变更、现场签证等情况；熟悉送审房屋修缮工程预算所依据的修缮预算定额、费用标准和有关文件。

审查计算首先要确定审查方法，再具体审查计算。需要核对修缮工程量，根据修缮定额规定的工程量计算规则进行核对修缮工程量；核对选套的修缮定额项目；核对直接工程费汇总额；核对措施项目费计算结果；核对间接费、利润、税费的计算结果等。

二、房屋修缮工程的竣工结算

1. 房屋修缮工程竣工结算概述

房屋修缮工程竣工结算指施工企业按照合同规定的内容全部完成所承包的工程，经验收质量合格，并符合合同要求之后，向发包单位进行的最终工程款结算。分类主要有工程价款结算，设备、工器具购置结算，以及劳务供应结算。

（1）房屋修缮工程竣工结算的作用。

1）通过房屋修缮工程结算可以办理已完工程的工程价款，确定房屋维修施工企业的货币收入，补充施工生产过程中的资金消耗。

2）房屋修缮工程竣工结算是统计房屋维修施工企业完成生产计划的依据。

3）房屋修缮工程竣工结算额是房屋维修施工企业完成该工程项目的总货币收入，是企业内部进行成本核算，确定工程预算成本收入的重要依据。

4）房屋修缮工程竣工结算是维修负责人编制房屋维修工程竣工决算的主要依据。

5）房屋修缮工程竣工结算的完成，标志着房屋维修施工企业和维修负责人双方所承担的合同义务和经济责任的结束。

（2）房屋修缮工程竣工结算的编制依据。

1）房屋维修施工企业与维修负责人签订的合同或协议书。

2）房屋维修施工企业施工进度计划、月旬作业计划和施工工期。

3）房屋维修工程施工过程中现场实际情况记录和有关费用签证。

4）房屋修缮工程设计图及有关资料、会审纪要、设计变更通知书和现场工程变更签证。

5）房屋修缮工程预算定额、材料价格表和各项费用取费标准。

6）房屋修缮工程施工图预算。

7）国家和当地房产主管部门的有关政策规定。

8）房屋修缮工程招标、投标工程的招标文件和标书。

2. 房屋修缮工程竣工结算的内容与方式

（1）房屋修缮工程竣工结算的内容。

1）按照房屋修缮工程承包合同或协议办理预付工程备料款。

2）按照双方确定的结算方式开列房屋维修施工企业施工作业计划和工程价款预支单，办理工程预付款。

3）月末（或阶段完成）呈报已完房屋修缮工程月（或阶段）报表和工程价款结算单，同时按规定抵扣工程备料款和预付工程款，办理房屋维修工程工程款结算。

4）年终已完成房屋修缮工程竣工、房屋修缮工程未完工程盘点和年终结算书。

5）房屋修缮工程竣工时，编写工程竣工书，办理房屋修缮工程竣工结算。

（2）房屋修缮工程工程价款结算的方式。主要有按月结算、分段结算、竣工结算、目标结算方式等。

1）按月结算。按月结算实行旬末或月中预支工程款项，月终实施结算，跨年度竣工的房屋修缮工程，在年终进行工程盘点，办理年度结算。按月结算时，对已完成的房屋修缮工程施工部分产品，必须严格按规定标准检查质量和逐一清点工程量，对质量不合格或未完成工程合同规定的全部工序内容，则不能办理工程结算。

2）分段结算。分段结算是针对大型或较大型房屋修缮工程，按其施工进度划分为若干施工阶段，按阶段进行修缮工程价款结算。

3）竣工结算。房屋修缮工程竣工后，按照工程合同（或协议）的规定，在房屋修缮工程施工图预算的基础上编制房屋修缮工程调整预算，维修负责人办理最后的工程价款结算。

4）目标结算方式。在房屋修缮工程承包合同中，将承包工程的内容分解成不同的控制界面，以维修负责人验收控制界面作为支付工程价款的前提条件。

3. 房屋修缮工程竣工结算的编制

房屋修缮工程竣工结算的编制主要有房屋修缮工程施工图预算加签证、房屋修缮工程施工图预算加系数包干、房屋修缮工程的招标、投标结算方式。

（1）房屋修缮工程竣工结算的编制依据。

1）房屋修缮工程承包合同的有关条款。

2）双方审核的房屋修缮工程施工图预算书。

3）设计变更通知单。

4）房屋修缮工程签证单、隐蔽工程验收单、材料代用核定单。

5）经房屋维修负责人同意的分包单位提出的分包工程结算书。

6）各种成品、半成品构件加工价格单。

7）房屋维修负责人提出的有关追加削减项目的通知单。

8）房屋维修施工企业提出，由房屋维修负责人和设计单位会签的施工技术问题核定单。

9）经双方协商同意并办理了签证手续的应列入房屋修缮工程结算的其他事项。

（2）房屋修缮工程竣工结算的编制步骤。

1）收集、整理、熟悉有关房屋修缮工程的原始资料。

2）认真检查复核有关房屋修缮工程原始资料。

3）深入现场、对照观察房屋修缮竣工工程。

4）按房屋修缮工程的实际情况调整修缮工程量。

5）套房屋修缮工程预算定额，计算房屋修缮工程的设计预算价值。其中，需要计算原房屋修缮工程施工图预算直接工程费，调增或调减部分的直接工程费，房屋修缮工程竣工结算直接工程费总额，房屋修缮工程的材料价差，按房屋修缮工程取费标准计算其他各项费用，以及单位工程结算造价等。

6）复制、装订、送审、定案。

三、房屋修缮工程的竣工决算

1. 房屋修缮工程竣工决算概述

（1）房屋修缮工程竣工决算含义和流程。工程竣工决算是指以实物数量和货币指标为计量单位，综合反映竣工项目从筹建开始到项目竣工交付使用为止的全部建设费用、投资效果和财务情况的总结性文件。房屋修缮工程竣工决算流程主要有各项清理工作、建设项目竣工财务决算、单项工程竣工财务决算及竣工财务总决算。

其中，工程竣工报告内容有工程设计、工程施工、工程监理和工程档案等。工程竣工报告应对分项、子分部、分部工程、单位（子单位）工程验收、工程质量检测、隐蔽工程验收、材料设备合格证明及进场检验复试情况进行描述。

（2）作用。

1）建设项目竣工决算是综合全面地反映竣工项目建设成果及财务情况的总结性文件，全面地反映建设项目自开始建设到竣工为止全部建设成果和财务状况。

2）建设项目竣工决算是办理交付使用资产的依据，也是竣工验收报告的重要组成部分。

3）建设项目竣工决算是分析和检查设计概算的执行情况，考核建设项目管理水平和投资效果的依据。

（3）竣工财务决算说明书组成部分。主要有13个部分。具体内容如下：

1）项目概况。一般从进度、质量、安全和造价方面进行分析说明。

2）会计账务的处理、财产物资清理及债权债务的清偿情况。

3）项目建设资金计划及到位情况，财政资金支出预算、投资计划及到位情况。

4）项目建设资金使用、项目结余资金等分配情况。

5）项目概（预）算执行情况及分析，竣工实际完成投资与概算差异及原因分析。

6）尾工工程情况。一般不得预留尾工工程，如预留也不得超过概（预）算总投资的 5%。

7）历次审计、检查、审核、稽查意见及整改落实情况。

8）主要技术经济指标的分析、计算情况。

9）项目管理经验、主要问题和建议。

10）预备费动用情况。

11）项目建设管理制度执行情况、政府采购情况、合同履行情况。

12）征地拆迁补偿情况、移民安置情况。

13）需说明的其他事项。

2. 竣工财务决算报表

竣工财务决算报表主要由封面，基本建设项目概况表，基本建设项目竣工财务决算表，基本建设项目资金情况明细表，基本建设项目交付使用资产总表，基本建设项目交付使用资产明细表，待摊投资明细表，待核销基建支出明细表，以及转出投资明细表组成。

3. 建设工程竣工图

（1）凡按图竣工没有变动的，由承包人在原施工图上加盖"竣工图"标志后，即作为竣工图。

（2）一般性设计变更，但能将原施工图加以修改补充作为竣工图的，可不重新绘制，由承包人负责在原施工图（必须是新蓝图）上注明修改的部分，并附以设计变更通知单和施工说明，加盖"竣工图"标志后，作为竣工图。

（3）凡结构形式改变、施工工艺改变、平面布置改变、项目改变及有其他重大改变，不宜在原施工图上修改、补充时，应重新绘制改变后的竣工图。由原设计原因造成的，由设计单位负责重新绘制；由施工原因造成的，由承包人负责重新绘图；由其他原因造成的，由建设单位自行绘制或委托设计单位绘制。承包人负责在新图上加盖"竣工图"标志，并附以有关记录和说明，作为竣工图。

（4）为了满足竣工验收和竣工决算需要，还应绘制反映竣工工程全部内容的工程设计平面示意图。

（5）重大的改建、扩建工程项目涉及原有的工程项目变更时，应将相关项目的竣工图资料统一整理归档，并在原图案卷内增补必要的说明一起归档。

4. 工程竣工决算编制

（1）建设项目竣工决算的编制条件。

1）经批准的初步设计所确定的工程内容已完成。

2）单项工程或建设项目竣工结算已完成。

3）收尾工程投资和预留费用不超过规定的比例。

4）涉及法律诉讼、工程质量纠纷的事项已处理完毕。

5）其他影响工程竣工决算编制的重大问题已解决。

（2）建设项目竣工决算的编制依据。

1）《基本建设财务规则》（财政部第 81 号令）等法律、法规和规范性文件。

2）项目计划任务书及立项批复文件。
3）项目总概算书、单项工程概算书文件及概算调整文件。
4）经批准的可行性研究报告、设计文件及设计交底、图样会审资料。
5）招标文件、最高投标限价及招标投标书。
6）施工、代建、勘察设计、监理及设备采购等合同，政府采购审批文件、采购合同。
7）工程结算资料。
8）工程签证、工程索赔等合同价款调整文件。
9）设备、材料调价文件记录。
10）有关的会计及财务管理资料。
11）历年下达的项目年度财政资金投资计划、预算。
12）其他有关资料。

（3）竣工决算的编制要求。
1）按照规定组织竣工验收，保证竣工决算的及时性。
2）积累、整理竣工项目资料，特别是项目的造价资料，保证竣工决算的完整性。
3）核对各项账目，清理各项财务、债务和结余物资，保证竣工决算的正确性。

（4）竣工决算的编制程序。主要分为前期准备工作阶段、实施阶段、完成阶段及资料归档阶段四个阶段工作。

1）前期准备工作阶段：主要工作内容是了解编制工程竣工决算建设项目的基本情况，收集和整理、分析基本的编制资料；确定项目负责人，配置相应的编制人员；制订切实可行、符合建设项目情况的编制计划；由项目负责人对成员进行培训。

2）实施阶段：主要工作内容是收集完整的编制程序依据资料；协助建设单位做好各项清理工作；编制完成规范的工作底稿；对过程中发现的问题应与建设单位进行充分沟通，达成一致意见；与建设单位相关部门一起做好实际支出与批复概算的对比分析工作。

3）完成阶段：主要工作内容是完成工程竣工决算编制咨询报告、基本建设项目竣工决算报表及附表、竣工财务决算说明书、相关附件等；与建设单位沟通工程竣工决算的所有事项；经工程造价咨询企业内部复核后，出具正式的工程竣工决算编制成果文件。

4）资料归档阶段：主要工作内容是对工程竣工决算编制过程中形成的工作底稿应进行分类整理，与工程竣工决算编制成果文件一并形成归档纸质资料；对工作底稿、编制数据、工程竣工决算报告进行电子化处理，形成电子档案。

实训任务　调查及分析房屋维修工程的施工预算编制状况

一、实训目的
调查所在地物业服务企业的房屋修缮工程预算的编制现状，分析该物业服务企业房屋修缮工程预算有无用施工图预算来代替施工预算的现象。

二、实训要求
（1）收集3个物业服务企业的项目资料及相关法规政策。
（2）调查物业服务企业的房屋修缮工程预算的编制现状。

（3）整理相关调查内容，分析物业服务企业的房屋修缮工程预算有无用施工图预算来代替施工预算的现象。

三、实训步骤

（1）分组收集 3 个物业服务企业的项目资料及相关法规政策（可以通过物业服务企业网站，专业网站，学校图书馆与阅览室，相关建筑节能和绿色建筑书籍与期刊，以及国家、行业、地方有关建筑节能的政策与法律法规）。

（2）分组实地调查物业服务企业的房屋修缮工程预算的编制现状。

（3）分组将收集的调查资料进行整理，再分析该物业服务企业的房屋修缮工程预算有无用施工图预算来代替施工预算的现象，并编写相关调查报告。

四、实训时间

4 学时。

五、实训考核

（1）考核组织。将学生分组，由指导教师进行考核。

（2）考核内容与方式。教师根据调查及分析报告的情况，对学生分析结果进行评分；小组对完成调查物业服务企业的房屋修缮工程预算的编制现状进行分析并提出相应的实训报告等，由指导教师进行评分。

项目小结

（1）施工定额是指在正常施工条件下，以房屋维修工程的各个施工过程为对象，规定完成单位合格产品所必须消耗的人工、材料和机械台班的数量标准。施工定额由人工消耗定额（劳动定额）、材料消耗定额和机械台班定额所组成。

（2）劳动定额是指在正常的生产技术和生产组织条件下，为完成单位合格产品所规定的劳动消耗标准。劳动定额的表现形式主要是时间定额和产量定额。

（3）施工过程的分类标准主要是组织上的复杂程度，按照工序是否重复循环，按施工过程的完成方法和手段，以及按劳动者、劳动工具、劳动对象等。施工过程的影响因素主要有技术因素（材、机）、组织因素（劳动者）和自然因素等。

（4）工作时间分类的目的是确定时间定额和产量定额（二者互为倒数）。工作时间主要指工作班的延续时间，为 8h，分为人工工作时间消耗和机器工作时间消耗。

（5）确定人工定额消耗量的基本方法主要有确定工序作业时间、规范时间、不可避免的中断时间、拟定休息时间和拟定定额时间等。

（6）确定机具台班定额消耗量的基本方法主要是确定机械 1h 纯工作正常生产率、施工机械的时间利用系数和施工机械台班定额等。

（7）材料消耗定额的表现形式主要有材料产品定额和材料周转定额。材料消耗定额的编制方法主要有观场技术测定法、现场统计法、实验室实验法和理论计算法。

（8）施工定额手册主要由总说明和分册章节说明、施工定额项目表、定额附录及增加工日用量表和定额项目表等组成。

（9）房屋修缮工程的施工预算是房屋维修施工企业在单位修缮工程开工前，根据施工定额、施工图、施工组织设计或施工方案等资料，结合施工现场的实际情况所编制的、用于指导修缮工程全过程施工管理的经济文件。主要内容包括编制说明和施工预算表格等。

（10）房屋修缮工程预算的审查内容是指相应房屋修缮工程预算的组成内容。包括：直接工程费，其中有修缮工程量计算、定额选套、直接工程费汇总；措施项目费，间接费、利润和税费计取等，其中有费用内容、费用标准、计取方法等。

（11）房屋修缮工程预算的审查形式是根据修缮工程规模、专业复杂程度、结算方式和审查力量等情况确定的，一般有联合会审、单独审查和委托审查三种形式。房屋修缮工程预算的审查方法主要有全面审查法、重点抽项审查法、经验审查法、分解对比审查法和统筹审查法。

（12）房屋修缮工程预算的审查步骤主要有准备工作、审查计算及审查单位与房屋修缮工程预算编制单位交换审查意见。

（13）房屋修缮工程竣工结算指施工企业按照合同规定的内容全部完成所承包的工程，经验收质量合格，并符合合同要求之后，向发包单位进行的最终工程款结算。分类主要有工程价款结算，设备、工器具购置结算，以及劳务供应结算。结算方式主要有按月结算、分段结算、竣工结算及目标结算方式等。

（14）房屋修缮工程竣工结算的方式主要有房屋修缮工程施工图预算加签证、房屋修缮工程施工图预算加系数包干、房屋修缮工程的招标及投标结算方式。

（15）工程竣工决算是指以实物数量和货币指标为计量单位，综合反映竣工项目从筹建开始到项目竣工交付使用为止的全部建设费用、投资效果和财务情况的总结性文件。房屋修缮工程竣工决算流程主要有各项清理工作，建设项目竣工财务决算，单项工程竣工财务决算，以及竣工财务总决算。

（16）竣工财务决算报表主要由封面，基本建设项目概况表，基本建设项目竣工财务决算表，基本建设项目资金情况明细表，基本建设项目交付使用资产总表，基本建设项目交付使用资产明细表，待摊投资明细表，待核销基建支出明细表，以及转出投资明细表组成。

（17）竣工决算的编制程序主要分为前期准备工作阶段、实施阶段、完成阶段和资料归档阶段四个阶段工作。

综合训练题

一、**单项选择题**（23×2=46 分）

1.（　　）是指在正常施工条件下，以房屋维修工程的各个施工过程为对象，规定完成单位合格产品所必须消耗的人工、材料和机械台班的数量标准。

  A. 人工定额　　　　　　　　　　B. 材料消耗定额
  C. 施工定额　　　　　　　　　　D. 机具台班定额

2. 根据施工过程工时研究结果，与工人所担负的工作量大小无关的必需消耗时间是（　　）。

  A. 基本工作时间　　　　　　　　B. 辅助工作时间
  C. 准备与结束工作时间　　　　　D. 多余工作时间

3. 下列工人工作时间消耗中，属于有效工作时间的是（　　）。
   A. 因混凝土养护引起的停工时间
   B. 偶然停工（停水、停电）增加的时间
   C. 产品质量不合格返工的工作时间
   D. 准备施工工具花费的时间
4. 下列施工机械消耗时间中，属于机械必需消耗时间的是（　　）。
   A. 未及时供料引起的机械停工时间
   B. 由于气候条件引起的机械停工时间
   C. 装料不足时的机械运转时间
   D. 因机械保养而中断使用的时间
5. 工作时间主要指工作班的延续时间（　　）。
   A. 4h　　　　B. 8h　　　　C. 8h　　　　D. 12h
6. 若完成1m³墙体砌筑工作的基本工时为0.5工日，辅助工作时间占工序作业时间的4%。准备与结束工作时间、不可避免的中断时间、休息时间分别占工作时间的6%、3%、和12%，该工程时间定额为（　　）工日/m³。
   A. 0.581　　　B. 0.608　　　C. 0.629　　　D. 0.659
7. 某混凝土输送泵每小时纯工作状态可输送混凝土25m³，泵的时间利用系数为0.75，则该混凝土输送泵的产量定额为（　　）。
   A. 150m³/台班　　　　　　　B. 0.67台班/100m³
   C. 200m³/台班　　　　　　　D. 0.50台班/100m³
8. 确定施工机械台班定额消耗量前需计算机械时间利用系数，其计算公式正确的是（　　）。
   A. 机械时间利用系数＝机械纯工作1h正常生产率×工作班纯工作时间
   B. 机械时间利用系数＝1/机械台班产量定额
   C. 机械时间利用系数＝机械在一个工作班内纯工作时间/一个工作班延续时间（8h）
   D. 机械时间利用系数＝一个工作班延续时间（8h）/机械在一个工作班内纯工作时间
9. 关于材料消耗的性质及确定材料消耗量的基本方法，下列说法正确的是（　　）。
   A. 理论计算法适用于确定材料净用量
   B. 必须消耗的材料量是指材料的净用量
   C. 土石方爆破工程所需的炸药、雷管、引信属于非实体材料
   D. 现场统计法主要适用于确定材料损耗量
10. 在对材料消耗过程测定与观察的基础上，通过完成产品数量和材料消耗量的计算而确定各种材料消耗定额的方法是（　　）。
    A. 实验室试验法　　　　　　B. 现场技术测定法
    C. 现场统计法　　　　　　　D. 理论计算法
11. 某出料容量750L的砂浆搅拌机，每一次循环工作中，运料、装料、搅拌、卸料、中断需要的时间分别为150s、40s、250s、50s、40s，运料和其他时间的交叠时间为50s，机械利用系数为0.8。该机械的台班产量定额为（　　）m³/台班。

A. 29.79　　　B. 32.60　　　C. 36.00　　　D. 39.27

12. 房屋修缮工程预算审查的作用，不包括（　　）。
    A. 房屋产权人或维修责任人和维修施工企业签订工程承包合同的依据
    B. 办理工程拨款和工程价款结算的依据
    C. 维修施工企业进行工程成本核算的依据
    D. 工程招投标的依据

13. 房屋修缮工程预算的审查形式，不包括（　　）。
    A. 联合会　　　B. 单独审查　　　C. 委托审查　　　D. 抽样审查

14. 关于政府投项目竣工结算的审核，下列说法正确的是（　　）。
    A. 单位工程竣工结算由承包人审核
    B. 单项工程竣工结算由承包人审核
    C. 建设项目竣工总结算由发包人委托造价工程师审核
    D. 竣工结算文件由发包人委托具有相应资质的工程造价咨询机构审核

15. 发包人未按照规定的程序支付竣工结算款的，承包人正确的做法是（　　）。
    A. 将该工程自主拍卖　　　　　B. 将该工程折价出售
    C. 将该工程抵押贷款　　　　　D. 催告发包人支付，并索要延迟付款利息

16. 关于施工合同履行期间的期中支付，下列说法中正确的是（　　）。
    A. 双方对工程计量结果的争议，不影响发包人对已完工程的期中支付
    B. 对已签发支付证书中的计算错误，发包人不得再予修正
    C. 进度款支付申请中应包括累计已完成的合同价款
    D. 本周期实际支付的合同额为本期完成的合同价款合计

17. 竣工决算文件中，主要反映竣工工程建设成果和经验，全面考核分析工程投标造价的书面总结文件是（　　）。
    A. 竣工财务决算说明书　　　　B. 工程竣工造价对比分析
    C. 竣工财务决算报表　　　　　D. 工程竣工验收报告

18. 下列竣工财务决算说明书的内容，一般在项目概况部分予以说明的是（　　）。
    A. 项目资金计划及到位情况　　B. 项目进度、质量情况
    C. 项目建设资金使用与结余情况　D. 主要技术经济指标的分析、计算情况

19. 关于建设工程竣工图的绘制和形成，下列说法中正确的是（　　）。
    A. 凡按图竣工没有变动的，由发包人在原施工图上加盖"竣工图"标志
    B. 凡在施工过程中发生设计变更的，一律重新绘制竣工图
    C. 平面布置发生重大改变的，一律由设计单位负责重新绘制竣工图
    D. 重新绘制的新图，应加盖"竣工图"标志

20. 竣工决算文件中，真实记录各种地上、地下建筑物、构筑物，特别是基础、地下管线及设备安装等隐蔽部分的技术文件是（　　）。
    A. 总平面图　　　　　　　　　B. 竣工图
    C. 施工图　　　　　　　　　　D. 交付使用资产明细表

21. （　　）主要是说明定额的编制依据、适用范围、工程质量要求、各项定额的有关规定和说明及编制施工预算相关说明。

A. 总说明 B. 分册章节说明
C. 施工定额项目表 D. 定额项目表

22. （　　）的特点是全面、细致、质量高，但工作量大，费人力和时间较多。
    A. 分解对比审查法 B. 经验审查法
    C. 重点抽项审查法 D. 全面审查法

23. 竣工决算的编制前期准备工作阶段工作，不包括（　　）。
    A. 了解编制工程竣工决算建设项目的基本情况
    B. 收集和整理、分析基本的编制资料
    C. 协助建设单位做好各项清理工作
    D. 确定项目负责人，配置相应的编制人员

二、多选题（10×2=20分）

1. 关于施工定额的说法，正确的有（　　）。
    A. 施工定额以同一性质的施工过程作为研究对象
    B. 施工定额属于企业定额的性质
    C. 施工定额是确定招标控制价的重要依据
    D. 施工定额是建设工程定额的基础性定额

2. 下列工人工作时间中，属于有效工作时间的有（　　）。
    A. 基本工作时间 B. 不可避免中断时间
    C. 辅助工作时间 D. 准备与结束工作时间

3. 在定额测定方法中，主要用于测定材料净用量的有（　　）。
    A. 现场技术测定法 B. 实验室试验法
    C. 现场统计法 D. 理论计算法

4. 施工定额的组成内容包括（　　）。
    A. 劳动定额 B. 机械台班使用定额
    C. 间接费定额 D. 材料消耗定额

5. 房屋修缮工程预算审查的依据有（　　）。
    A. 设计图、标准图、施工规范等技术资料
    B. 修缮工程施工承包合同或协议书
    C. 有关的定额
    D. 施工方案或技术措施方案

6. 房屋修缮工程预算的审查方法有（　　）。
    A. 全面审查 B. 重点抽项审查法
    C. 经验审查法 D. 分解对比审查法

7. 房屋修缮工程预算审查的内容包括（　　）。
    A. 综合单价 B. 间接费、利润和税费计算
    C. 直接工程费 D. 措施项目费

8. 发包人对工程质量有异议，竣工结算仍应按合同约定办理的情形有（　　）。
    A. 工程已竣工验收的
    B. 工程已竣工未验收，但实际投入使用的

C. 工程已竣工未验收，且未实际投入使用的

D. 工程停建，对无质量争议的部分

9. 根据《建设工程工程量清单计价规范》（GB 50500—2013），关于工程竣工结算的计价原则，下列说法正确的是（   ）。

A. 计日工按发包人实际签证确认的事项计算

B. 总承包服务费依据合同约定金额计算，不得调整

C. 暂列金额应减去工程价款调整金额计算，余额归发包人

D. 规费和税费应按照国家或省级、行业建设主管部门的规定计算

10. 根据财政部、国家发展改革委、住建部的有关文件，竣工决算的组成文件包括（   ）。

A. 工程竣工验收报告　　　　　　　B. 工程竣工图

C. 工程竣工造价对比分析　　　　　D. 设计概算、施工图预算

三、简答题（5×4=20分）

1. 什么是材料消耗？其编制方法主要有什么？
2. 施工定额手册的主要内容是什么？
3. 修缮工程施工预算的主要编制步骤是什么？
4. 房屋修缮工程预算审查的步骤是什么？
5. 竣工财务决算报表主要内容有什么？

四、案例分析题（1×10=10分）

需要对某工程进行小规模零星修缮，在具体的工作中需要做好三方面的内容。首先，要加强工程造价管理。为了更好地完成这项工作，就要重视对相关人员及制度等方面的建设。其次，要明确各方职责。在实际的工作过程中，应该将责任落实到具体个人，这样才能保证后续工作顺利开展。同时，还可以通过建立奖惩机制来调动大家的积极性。最后，要严格按照规范要求进行操作，避免出现问题，有利于提高工程质量。

在进行工程的结算时，对整个过程中涉及的环节都要严格把控。首先，应该加强对工程的管理和监督，确保每一个环节的工作都能够顺利完成；其次，应该针对具体的情况来制定相应的措施，不遗余力地将这些措施落实到位，使整个工程的造价控制更加完善，花小钱，办大事。

在完成对工程的验收后，需要按照相关规定以及施工合同约定做好相应的结算审核工作。首先，应加强对于工程结算审核的认识，并且要明确具体的流程、步骤等；可以通过建立完善的制度体系来进行规范化处理，这样才能够保证各项工作顺利开展下去。其次，为了进一步提升工程结算质量，需要安排专业性较强的人员负责此项内容，有的放矢。同时，在整个过程当中也会受到一些因素的干扰，所以必须要采取有效措施加以解决，避免给后续工作带来不利影响。除此之外，需要做好相应的记录工作，将所有数据信息完整归档，便于后期查询使用。

请问：1. 房屋修缮工程竣工结算的作用是什么？（5分）

2. 房屋小规模零星修缮工程结算需要注意什么？（5分）

参 考 文 献

[1] 叶雯,周晖. 房屋维修与预算 [M]. 北京:北京理工大学出版社,2021.
[2] 刘文新. 房屋维修技术与预算 [M]. 北京:华中科技大学出版社,2006.
[3] 刘宇,张崇庆. 房屋维修技术与预算 [M]. 北京:机械工业出版社,2010.
[4] 汪强. 房屋维修管理模块的优化 [J]. 科技创新与应用,2017(3):25-27.
[5] 覃宇明. 老旧房屋维修加固处理施工方法研究 [J]. 中国新技术新产品,2013(21):15-17.
[6] 武旭伟. 房屋渗漏的原因分析及维修措施探究 [J]. 居业,2018(4):31-33.
[7] 覃海松. 浅谈旧房屋维修管理和改造问题 [J]. 中国科技博览,2016(23):7-13.
[8] 任丙辉. 房屋建筑损坏检测与维修实用技术 [M]. 北京:中国建筑工业出版社,2016.
[9] 中国物业管理协会房屋安全鉴定委员会. 房屋安全管理与鉴定(培训教材)[M]. 北京:中国建筑工业出版社,2018.
[10] 梅全亭. 实用房屋维修技术手册 [M]. 2版. 北京:中国建筑工业出版社,2004.
[11] 梅全亭,李建. 房屋抗震加固与维修 [M]. 北京:中国建筑工业出版社,2009.
[12] 何石岩. 房屋管理与维修 [M]. 北京:机械工业出版社,2009.
[13] 张艳敏. 房屋构造与维修 [M]. 北京:中国建筑工业出版社,2019.
[14] 廖小斌,刘双乐,景象. 房屋建筑与设施设备维修保养实用工作手册 [M]. 北京:机械工业出版社,2011.
[15] 饶春平. 房屋本体维修养护与管理 [M]. 北京:中国建筑工业出版社,2013.
[16] 安静,郑立,谷建民. 房屋维修技术与管理 [M]. 北京:石油工业出版社,2012.
[17] 吴振铭. 小规模零星修缮工程造价控制和结算审核 [J]. 居业,2023(10):140-142.